21世纪高等学校数字媒体艺术专业规划教材

数字媒体影像
视听语言

王丽君　著

清华大学出版社

北京

内 容 简 介

　　本书以电影影像为主要代表,讲授数字媒体相关影像创作者所需要掌握的视听语言的概念、语言和语法等系统理论知识,如蒙太奇、镜头、轴线、场面调度、声音、声画剪辑等,并通过对当代数字影视及广告、数字动画和数字游戏等数字媒体艺术主要形式载体的视听语言特点做深入分析,启发学习者的艺术思维,使其在数字影像创作中能够将视听语言所具有的独特潜力最大程度地运用发挥出来。

图书在版编目(CIP)数据

　　数字媒体影像视听语言/王丽君著.--北京:清华大学出版社,2016 (2020.9重印)
　　21世纪高等学校数字媒体艺术专业规划教材
　　ISBN 978-7-302-40880-2

　　Ⅰ. ①数…　Ⅱ. ①王…　Ⅲ. ①数字技术-多媒体技术-高等学校-教材　Ⅳ. ①TP37

　　中国版本图书馆 CIP 数据核字(2015)第 164191 号

责任编辑:魏江江　王冰飞
封面设计:常雪影
责任校对:时翠兰
责任印制:宋　林

出版发行:清华大学出版社
　　　　　　网　　　　址:http://www.tup.com.cn,http://www.wqbook.com
　　　　　　地　　　　址:北京清华大学学研大厦 A 座　　　邮　　编:100084
　　　　　　社 总 机:010-62770175　　　　　　　　　　　邮　　购:010-62786544
　　　　　　投稿与读者服务:010-62776969,c-service@tup.tsinghua.edu.cn
　　　　　　质量反馈:010-62772015,zhiliang@tup.tsinghua.edu.cn
　　　　　　课件下载:http://www.tup.com.cn,010-83470236
印 装 者:北京鑫丰华彩印有限公司
经　　销:全国新华书店
开　　本:185mm×260mm　　**印　张:**12　　**插　页:**1　　**字　　数:**205 千字
版　　次:2016 年 6 月第 1 版　　　　　　　　　　　　　　　**印　　次:**2020 年 9 月第 8 次印刷
印　　数:6901~8400
定　　价:49.00 元

产品编号:041640-01

作者简介

王丽君,女,1973 年出生,2008 年毕业于北京电影学院美术系,获博士学位,现任北京交通大学建筑与艺术学院副教授、副院长,硕士生导师,2014 年 3 月～2015 年 3 月任澳大利亚皇家墨尔本理工大学艺术学院客座副教授。主要从事数字媒体艺术、影像造型和艺术景观方向的教学与研究,在国内外重点学术期刊上公开发表专业论文 40 余篇,目前已独立出版专著 3 本:2009 年由中国电影出版社出版《物之银幕狂欢——当代电影美术先锋设计及其美学思维》、2013 年由中国建筑工业出版社出版《城市景观艺术设计与精神生态》和由江苏科学技术出版社出版《造型创意思维》。近 5 年主持参与各级纵向科研和教改项目 10 余项,2011 年担任清华大学出版社《21 世纪高等学校数字媒体艺术专业规划教材》主编。

　　随着文化创意产业的发展,基于在媒体艺术与数字技术之间形成了复合型关系的数字媒体行业,成为文化娱乐产业的主要支柱,也把新世纪的世界经济推向另一个高峰,随之相关的数字媒体艺术人才需求和储备也越来越受到重视。从 2002 年起,我国高等学校开始以数字媒体艺术专业名称招生本科生和研究生,短短的十多年中,近百所院校增设了数字媒体艺术、数字媒体技术及相关专业和院系。目前国内各高校的数字媒体艺术专业还是普遍存在着一些影响未来学科发展的问题,像专业定位模糊、构架混沌、课程杂乱、人才培养与产业需求脱节等,总体来说缺乏一个规范的学科体系和教学体系。各院校在专业构架、培养模式和师资建设等方面刚刚开始,都急需成系列的专著和教材作为引领,而现在业内这样的专业书籍和教材还是相当稀少,尤其是以数字媒体艺术专业冠名的教材更显奇缺。从 2008 年起,笔者在数字媒体艺术专业的教学实践中,试图针对数字内容行业的产业特点、发展脉络和市场需求,综合影像艺术、造型艺术、传播艺术、数字技术以及当代文化观念等领域,清晰界定数字媒体艺术专业定位,制定出具有前沿性、交叉性和开放式的复合型专业结构以及相对应的、切实的专业教学体系,而在其中发现教材建设正是带动专业构架建设的有力牵引。

　　数字媒体艺术专业中最具代表性的艺术语言就是造型语言和影像语言,笔者作为北京交通大学数字媒体艺术专业的主要建设教师,整合分布在教学一线的北京电影学院校友资源,策划了数字媒体艺术专业系列教材的项目,联合北京各高校的数字媒体艺术专业的青年骨干教师一起合作共同建构数字媒体艺术专业的构架内容。令人惊喜的是,2010 年底应清华大学出版社致高校教务处的“普通高等教育‘十二五’规划教材”的通知,笔者的策划书草稿写好发给申报联系邮箱后很快接到了该出版社事业部魏江江主任的出版合同签订通知。2011 年初笔者与清华大学出版社签订了《21 世纪高等学校数字媒体艺术专业规划教材》(20 本)的主编协议和首批 11 本教材的出版合同,教材作者涵盖国内一流院校的数字媒体艺术专业的一线教师。首批 11 本教材中,笔者奋勇承担了《数字媒体影像造型设计》、《数字媒体影像视听语言》两本专著型教材的编写任务。

学科构架研究和教材建设是基础性的、必要性的,且作为一门新兴学科,目前业内还没有出现过该类型的权威性的研究成果,因此此项建设研究融基础性和创新性为一体,既为相关方向的学术前沿研究,又为传播专业知识和技能的主要载体,教材整体内容规划应该在对新学科的宏观把握与关键内容上深入统筹兼顾,既有整体的把握,也有内容的深入。目前,全国各院校尤其是综合院校的数字媒体相关新专业都是从零做起,专业构架急待建设,普遍需要有比较全面和规范的教材和交流,北京的高校具备艺术和教育的领先和标尺作用,希望这套教材的编写出版能够满足全国高校的需求,达到覆盖众多院校的主流教材的目标,为我国数字媒体艺术专业的建设进行探索和奠定基础,为社会新兴产业崛起提供基础理论和教育资源储备。

《数字媒体影像视听语言》一书以电影影像为主要代表,讲授数字媒体艺术相关影像创作者所需要掌握的视听语言的概念、语言和语法等系统知识和理论,如蒙太奇、镜头、轴线、场面调度、声音、声画剪辑等,并通过对当代数字影视及广告、数字动画和数字游戏等数字媒体艺术主要形式载体的视听语言特点做深入分析,启发学习者的艺术思维,使其在数字影像创作中能够将视听语言所具有的独特潜力最大程度地运用发挥出来。

世界上每种艺术形式都有一定的艺术语言与之相对应,视听语言是动态影像最核心的语言内容,而动态影像又成为当今数字媒体艺术的主要构成和最具活力的部分。电影艺术,作为动态影像经典代表,其视听语言的运用和研究已经深入到一定程度,而把它有效引入数字媒体影像的一些新形式之中的应用和研究却少之又少。以数字影视及广告、数字动画、数字游戏、交互设计为出发点对视听语言进行应用,不仅可以提升数字媒体各种形式载体的艺术含量,也可以为影像视听语言的理论提出新的审美延展。

本书首先以电影影像为主要代表,以大量的经典影片和影像实例为基础,从视听语言中蒙太奇、镜头、轴线、场面调度、声音等元素分析视听语言的基本概念、语言和语法,根据对数字影视及广告、数字动画和数字游戏等数字媒体艺术主要形式载体做特色化阐述,又着重对影像剪辑过程中所形成的多种剪辑模式进行深入分析,启发学生的视听艺术思维,使学习者具备独立的动态影像编导、摄影和剪辑能力。本书力求深入浅出地以传统媒体视听语言系统为背景,进而演绎出一些数字媒体各种影像中艺术语言的共性和特性,试图探寻相应的艺术规律与模式,进而为未来建立全面完整的大媒体视听语言理论体系打下一定基础。

　　该书稿的完成得到了北京交通大学陈风明老师的倾力相助,陈老师以他扎实的专业基础知识和资料积累帮助我支撑了此书稿的完成,在此对陈老师不遗余力的帮助报以衷心的感谢!并感谢研究生柳峰和窦潇在参与书稿的撰写、整理和校阅过程中所付出的辛勤劳动。

　　特别感谢清华大学出版社的魏江江主任,没有魏主任的不拘提携和宽容相待,这本书是不可能问世的;同时感谢王冰飞编辑在出版过程中认真细致的编辑和协助。

　　笔者期望本书可以给读者提供数字媒体动态影像艺术语言运用的思路和启发,为我国数字媒体艺术专业的发展做一点小小贡献。因为任务繁重的日常教学、行政管理工作以及一年时间的国外工作,使得作者力不从心,加上功力有限,难以殚心尽力达到理想境界,所以面对读者和相助的众多朋友我心存惭愧,在此诚恳地希望专家与读者不吝指教。

王丽君于北京交通大学建筑与艺术学院

2015 年 10 月

第1章　数字媒体影像视听语言概述

1.1　概　念

1.1.1　视听语言

"语言"是大家既熟悉又陌生的词汇,既有用口语形式表达的声音符号系统(即"自然语言"),又有用书文格式表达的文字记录符号系统(即"书面语言")。人类依赖听觉能力创建并发展了自然语言,书面语言这种形式则需要视觉的能力才能得以发扬。源远流长的文明经过历史长河的发展,口头语言和书面语言在一定的表述空间内已经升级为更高的表达层次。

在艺术领域,通常会说到人们广义上理解的"音乐语言"、"舞蹈语言"、"绘画语言"等词汇,这说明在人们的潜意识中任何一种艺术样式都存在着与其相对应的代表各自风格的表达符号,它们或多或少地与文字语言有着某些相同或相似之处,但这里所表述的语言并不是广泛普及的,它仅存在于艺术领域之中。

世界上每种特定存在的艺术形式都有一定的艺术语言与之相对应,例如舞蹈艺术通过舞台上的肢体动作去表现人物的内心情感,绘画艺术则依靠造型、色彩、构图、光影等视觉上的造型创作来完成画家想要通过画面传递的思想和情感,文学艺术运用文字信息传递思想,那么影视艺术也不例外(图1-1)。

数字媒体艺术的影像语言方式以电影的视听语言为基础,电影语言则是通过艺术家所进行的各类影视艺术创作的基本手段,是将语言文学的剧本转换成由影像元素、声音元素相结合的动态视听影像,形成视听感官上的一种新的非文字语言,是电影艺术在表达和交流信息中所使用的各种媒介、方式和手段的统称。广义上的电影语言涵盖了摄影、录音、剧作、表演、美术、音乐、剪辑等电影艺术表现形式的各个方面;狭义

图 1-1　舞蹈语言、绘画语音

的电影语言是指画面和声音这两个电影艺术最基本的表现介质,所以,电影语言又被称为视听语言,即导演借助画面和声音表达电影内容和风格的基本手段,如何能够更好地、直观地表达剧本主题、情节和内容是电影导演的基本功课,同样也是文学、表演、摄影、录音、美术、制片等剧组中各部门成员在电影拍摄时沟通的基本语言方式。

　　如果说 20 世纪以前的人类是"文字的一代",20 世纪以后的人类是"影像的一代",所以视听语言被认为是 20 世纪以来的主导性语言。它是电影、电视等传媒更直观地用于表达主题、传达思想、传递情感的媒介和方法的介质,人类通过语言形式进行交流,也是通过语言完成人与人之间沟通、传递信息、表达思想以及抒发情感等一系列活动内容。

　　文化学学者曾这样概括:像以往那样用艺术作品的"审美作用"和"认识作用"来衡量电影、电视对 21 世纪人们的作用和影响已经远远不够了。走进每一个家庭的电影、电视对人们所起的作用和影响除了艺术作品所能起到的作用和影响之外,实际上,它使人类第一次有可能向着"一体化",向着"世界大同"的方向迈进。

图 1-2　马塞尔·马尔丹

　　法国作家马塞尔·马尔丹说(图 1-2):电影一开始就是一门艺术。电影最初是一种电影演出或是将现实简单的再现,根据一些基本的基础元素进行再次创作而形成了具有规律的、有着自己特征的符号形式,以后便逐渐变成了一种语言,也就是说,电影是一种叙述故事和传达思想的手段。

作为一种表达的语言,必然有其自身独特的语法,包括各种镜头调度的方法和各种音乐运用的技巧。这些方法和技巧来自于人们长期的视觉和听觉实践,这些实践经验大多来自于人的本性和长期的研究积累,符合人们的欣赏习惯。电影语言从狭义上讲就是镜头与镜头之间的组合,它包括镜头、镜头的分切、镜头的组合以及声画关系 4 个主要方面,从广义上讲,还包含了镜头里表现的内容——人物、行为、环境甚至是对白,即电影的剧作结构,又称蒙太奇思维。从文化上讲,它是一种电影思维方式,从艺术上讲,它是电影的表现方式或者说是电影的艺术形式,从传播学的角度上讲,它是电影的符号编码系统。而观众的观影过程实际上是对电影语言解码的过程,作为观众,有时会出现看完一部电影但没看懂或是不明白这部电影要说什么的情况,问题无非是两个方面,一是不了解这部电影大的历史背景和文化背景,二是观众对导演的视听编码的解码过程出现了障碍。由此可以看出,不论是电影导演的创作过程还是观众的视听分析过程都离不开对这门语言的学习。

1.1.2　蒙太奇

蒙太奇(法语:Montage)是音译的外来语,原为建筑学术语,意为构成、装配,可解释为有意地把分切的镜头组接起来的手段。它最早被延伸到电影艺术中,后来逐渐在视觉艺术等衍生领域被广为运用。电影的基本元素是镜头,而连接镜头的主要方式、手段是蒙太奇。

蒙太奇是电影视听语言最独特的基础,任何涉及电影的定义都不可能没有"蒙太奇"。因此,可以说蒙太奇意味着将一部电影的各种镜头在某种顺序和延续时间的条件中组织起来。

J-P.夏基埃说过:"连接镜头的蒙太奇是同我们通过连续的注意运动观看现场相一致的。这就像我们在观看景物时会不断产生一种整体感一样,在一种精细的蒙太奇中,镜头的联系是很难被人发现的,因为它同正常的注意运动是一致的,它为观众组成了一种总体表现,使他产生了一种幻觉,好像是在看真实事件一样。"这一确切描绘使我们能够对构成蒙太奇基础的心理手段做诠释,简而言之,我们可以理解为一部完整的影像段落是由创作者根据故事需要在不同时空下拍摄的镜头组接而成的,而创作者对镜头的组接方式会直接影响到观众的理解。

蒙太奇的创作方法核心就是通过镜头的组接(即 1+1=3)来叙事、刻画人物和表

3

达思想,苏联电影大师爱森斯坦认为,A镜头加B镜头不是A和B两个镜头的简单综合,而会成为C镜头的崭新内容和概念。他明确地指出:两个蒙太奇镜头的队列不是二数之和,而更像二数之积。好莱坞的蒙太奇的创作方法和欧洲的长镜头创作方法体现了制作者与观赏者之间的关系问题,一部影片的镜头组接体现了制作者与欣赏者的关系。换句话说就是,制作者会考虑观者在他的影片中想要充当一个什么样的角色。例如在《被解救的姜戈》中(图1-3、图1-4)将主人公姜戈和奴隶主以及奴隶还有管家这组镜头的拍摄进行镜头的组接来表现人物内心情感的变化,这更加形象生动地表达了在当时的情况下姜戈的境遇与状态,同时也传达了导演的思想。

图1-3 《被解救的姜戈》剧照1

图 1-4 《被解救的姜戈》剧照 2

　　可以说,一部影片的镜头连接要考虑的因素是影片中人物的视觉方向和观众心里所期冀的方向。简而言之,即精神的紧张状态,因为视觉不过是思想的外在探拓。

人们所说的"精神活动"被确定为镜头的连接元素,而心理的紧张状态提供了一个补充词汇——"视觉活动",它也被认为是镜头的联系元素,即镜头的连接点都是直接建立在画面内在运动的连续性上的。但是,视觉运动不过是精神紧张状态的外露和实际表现,因此它也受相同的因素支配。

这就是说,镜头的连接不论是以"精神活动"(即心理的紧张状态)或是"视觉活动"(运动)为基础,每个正在演绎的镜头都必须拥有下一个镜头中所需要包含的因素,能够引出下一个镜头的中心点,让镜头与镜头之间存在一种延续关系,这就是蒙太奇所要求的基本条件。

因此,蒙太奇是十分准确地服从一种辩证法规律的:每个镜头都必须含有能在下一个镜头中找到答案的元素;观众身上产生的紧张心理应当由后续镜头来解决。为此,电影的叙事结构看起来就像是一系列局部的综合,它们在一种辩证过程中连续不断地展现中通过。

1.2　意　　义

在电影的制作中,导演按照剧本或影片的主题思想分别拍出许多镜头,然后按原定的创作构思把这些不同的镜头有机地、艺术地组织、剪辑在一起,使之产生连贯、对比、联想、衬托、悬念等联系以及快慢不同的节奏,从而有选择地组成一部反映一定的社会生活和思想感情为广大观众所理解和喜爱的影片,这些构成形式与构成手段就叫蒙太奇。

广义地说,蒙太奇是运动的创造者,也就是说,是蒙太奇创造了生命的运动和外观,如果我们相信说明这个词的起源的语源学是对的,我们就可以说,上述表现正是电影首要的历史和美学任务。一部影片的每幅画面都表现了人与物的静态特征,而这些画面的连续重新创造了运动和生命。

如果蒙太奇的目的不是叙事性,而是表现性的,那么创造思想就是蒙太奇最重要的作用了。这就是说,将取自现实生活的集合体的不同元素结合在一起,然后通过后者之间的对称相比激发出一种新的意义。

第2章　数字媒体影像视听语言基础

2.1　影像视听语言

2.1.1　镜头的内容

1. 人、景、物

1）人

（1）人脸：脸可以说是人最主要的特征体现，是电影中常见到的拍摄对象（图 2-1、图 2-2）。

图 2-1　《诺丁山》剧照

（2）手：人的第二张面孔，常见于刻画人物内心、情绪等。

《色戒》中各位名流太太手上频繁出现的各式各样的戒指对塑造角色的身份、地位起到重要作用（图 2-3）。

（3）形体：身体和动作，人的全部外在物，表现生活经历、身体状况、情绪、性格、欲望等（图 2-4）。

图 2-2 《查理和巧克力工厂》剧照

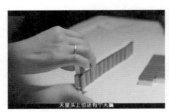  

图 2-3 影片《色·戒》剧照

图 2-4 《霸王别姬》剧照

2）景

（1）内景：内景也称"棚内景"，是在摄影棚内搭建的场景（图 2-5）。由于影棚设备完善，同时不受时间、空间、天气等影响，有利于创作和对有重要戏份的人物的塑造，特别是在表现历史重现场景与歌舞场面时,内景起到重要的作用。内景的设计同时也是美术师的设计、创作任务之一,是影片整体塑造的一个重要的组成部分。

图 2-5 《悲情城市》剧照

(2)外景:外景也称"实景",包括"自然景",常以自然环境或生活环境作为拍摄场景(图 2-6),例如山川、原野、村庄等自然景物,城市中的自然环境与生活环境以及内景外搭的室内场景。外景主要用来表现影片的地域特色、民族特色、风俗习惯的重要场所。由于外景本身自然且真实,具有浓郁的生活气息,演员在真实场景中表演,更容易情景交融。外景还可以为镜头提供广阔的四维空间,有利于加强镜头的运动性和表现力。外景在纪实风格较强的故事片中运用得比较普遍,强调实景拍摄。

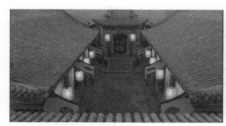

图 2-6 《大红灯笼高高挂》剧照

(3)人工景:人工搭制的,用于配合特技拍摄的小比例人工场景(图 2-7)。这种景一般是模型的景,需要与实际的自然场景拍摄在一起,美术设计的透视、比例十分重要。

(4)自然景:自然景包括再现性场景和表现性场景。

① 再现性场景:以外景或实景为主,人工搭建为辅,优点是纪实风格,叙事性;局限性是受时空限制,缺乏主观色(图 2-8)。

② 表现性场景:以内景或人工景为主,外景、实景为辅,优点是风格独特,主观色彩,抒情色彩;局限是叙事上有障碍性。

9

图 2-7 《十月围城》剧照

3）物

物就是道具，是电影的细节，它的主要作用有结构整部影片、展现人类欲望、表现哲理、表现性格经历、抒情等。

例如在电影《盗梦空间》中，不止一次地出现一个小小的陀螺的特写镜头，它是分辨现实世界与梦境的参照物（图 2-9）。科恩兄弟导演的《老无所依》中，反派冷面杀手安东·奇古尔（Anton Chigurh）让一个加油站便利店的老板猜硬币，以决定他的生死。在这场戏中反复出现的硬币特写镜头，使得无辜人的宿命与杀手的冷血形成鲜明的对比（图 2-10）。

2. 光效、色彩、声音

1）光效

一般来说，电影常规的光线概念就是再现现实的、自然的摄影光线形态，然而这种概念已经成为视觉影像平庸的标志。不管是从视觉层面还是从美学观念的角度来看，经过主观意识与写意思维处理之后的创造效果都可以充分用于创作所追求的目的，而在此我们将谈及自然光效与戏剧光效这两个概念。

（1）自然光效：什么是"自然光效"？就是人们在日常生活中经常见到的光线形态和效果。这种光线形态更实用化、更生活化、更自然化、更普及化，其实质是增强用光的真实感。即根据剧本提供的日、夜、内景、外景、黄昏、黎明、阴雨、晴天等时间、空间条件，经照明手段加工，如实地再现真实自然的光线效果，真实地再现光源性质、亮度关系、色彩关系（图 2-11）。

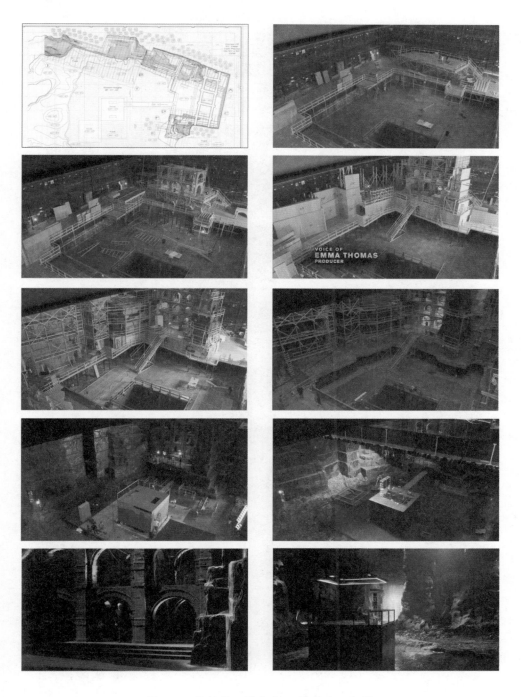

图 2-8 《蜘蛛侠Ⅲ 黑暗骑士》剧照 人工场景

第2章 数字媒体影像视听语言基础 ◄◄◄

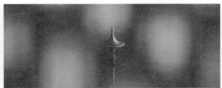

图 2-9 《盗梦空间》剧照

图 2-10 《老无所依》剧照

图 2-11 《闪灵》剧照 自然光效

人们在电影中观赏到的看似存在于自然环境下的"自然光效"其实是经过处理加工之后让它更接近于自然光的状态却更体现出影片情境与环境的一种光感形态。所谓的"自然光效",其实就是人们感情上对光线的一种潜意识的强烈依赖和一致认同。然而"自然光效"所存在的可能性从影片的一开始就被否决于电影的创作目的和创作过程中,取而代之的是人们在创作过程中所认识到并取得一致认同的对摄影光线的处理。它所遵循的是特定环境下受主观感受影响后的光线效果的再现,只不过这种光线形式所带来的画面效果要在视觉整体上更接近我们现实赖以生存的环境空间。但它并不存在于真实的生存空间,而是依赖于人们的创造思维、模拟联想、主观判断。

　　（2）戏剧光效：戏剧光效是由舞台照明演变而来的,它强调在遵循美学标准的基础上利用光线手段来实现特定思想的用光方法,从而表达创作者对影像的某种情感,抒发人物的内心情绪,最终达到为戏剧内容服务的一种光线效果(图 2-12)。作为视觉与造型占据主流的电影艺术,如果缺失了对于摄影光线的主观思维,那就一定会缺少自身个性和视觉鲜明性,缺少艺术美感,只是把生活中常见的情景原封不动地搬上了荧幕,所营造的三维空间和人物形象也不会真正地具有观众希望呈现出的光线感,继而也不会在生理以及心理层面上得到人们的认同、在美学上产生化学反应,以至于上升到情感共鸣。随着人们对艺术的追求逐渐增多,加上各类媒体传播量的增大,观众开始要求在观影过程中能够拥有一个感觉真实、视觉真实的寄托点,以至于电影中的光线不仅仅要还原生活中的原始形态,更要超越这种形态。正是由于电影用光观念上的主观性和对自然化的光线模式的背离,在影像视觉风格及影响形态上对光线"真实再现"的传统风格的反叛,才能帮助电影在世界电影史上印上视觉鲜明性、视觉探索性的终极标签,使得电影与当代世界所有的现代艺术一起成为跨越人类思维的一个重要环节和不可逆转的趋势。这一趋势的产生帮助电影在创作观念、造型风格以及影响形式上总结出了最佳定位,使其通过光效塑造远离了完全模拟自然光效、再现自然形态的主流模式,继而强烈突显出一种不同于以往的、人为的、超越的、主观的意识形态。这是在光线观念上、效果上乃至视觉形式上的对传统的质疑和更新。这种更新始终定位在两个层面上,一个是用光观念的层面,另一个则是画面视觉形式的层面。

　　（3）舞台光效：在歌舞片中人们经常会看到一种服务于舞台的戏剧光效,这属于戏剧光效的一种(图 2-13)。歌舞片中绚丽的歌舞场景需要更夸张,更具表意性,更接近舞台的光效,以实现美轮美奂的舞台效果,因此对光效的要求高于普通的叙事场景,这类光效表达创作者对影像的某种情感,除抒发人物内心的情绪外,还可用来塑造舞

图 2-12 《唐山大地震》剧照 戏剧光效

台即时表演效果。

2）色彩

色彩是一种生理层面上的视觉化现象。色彩与光线密不可分,正是有了光才有了色彩,可以说,物体之所以有色彩是光照的结果。色彩是一种心理外化的表现,色彩也是导演视觉语言最外在的重要表现形式之一。当色彩映入眼帘时,最初给人们带来的是纯粹的视觉上的感官感受。色彩自身拥有一定的特性,这也是其象征性的魅力所在。我们在应用色彩的过程中总会得到经验,而对于色彩的不同且丰富的联想会让一部分人在心理上得到共鸣。色彩的视觉效果与它本身产生的精神效应和带给观众的心理感受是成正比的。电影诞生百年的历史已充分证明不管是从技术的角度还是从

咯咯哒　　　　　　　　　　　　　　　　　他自作自受

你知道，有些人就有那些小习惯会烦死你

下流胚子，胚子，胚子，胚子，胚子

图 2-13　影片《芝加哥》剧照　舞台光效

观众接受的程度考虑，对自然界色彩的记录与再现已经不是什么问题。而电影艺术家更为关注的是色彩怎样作为视觉语言、造型手段、叙事风格在电影中加以应用。

　　人们总是在不断实践中证明色彩带来的是一种什么样的情绪和情感，以及色彩本身所具有的情感因素和心理因素。因此，导演、摄影和美术要研究的不仅仅是色相的运用，而是要和心理学家一样，深度挖掘由色彩引发的色彩感觉、色彩刺激，以及它们所产生的精神影响，并从艺术学、美学、哲学的角度研究色彩的作用。因此在电影艺术创作中，色彩拥有一种情感作用、一个精神体系，通过色彩的运用可以渗透出人、事、物的主观意念。与此同时，色彩会加速激情的迸发。

　　由于色彩能够通过一系列作用引发心理效应，创作者对色彩的关注层面开始不仅仅停留在表面上，而是对视觉的刺激、对心理的影响，是否能够增进人们的理解力、与精神的共鸣以及对情感的呼唤都成为创作者关注的焦点，要想深入地了解色彩和影像之间的关系，首先必须了解有关色彩的基本概念。

（1）色相：顾名思义就是色彩的差别。

从概念上认识，最纯的色彩是我们所说的光谱色，即人们能看到的可见光部分红、橙、黄、绿、青、蓝、紫。光谱色存在于自然界之中，却是我们肉眼很难观察到的，一般只能在实验室中看到。

因此，在拍摄和艺术创作中我们是看不到绝对色彩的，就电影艺术而言，其本身也没有什么绝对意义。而色彩的丰富性、色彩的价值取向、色彩的艺术感受、色彩的艺术魅力恰巧就在于它的相对性。所以，不管是从视觉角度上判断或是从艺术效果角度上判断，色彩都是有条件的。

画面中对色别的运用也是在总体关系下的局部认同。创作者为营造画面氛围而选择和运用色别时，都要从整体出发，要考虑到局部色彩在整个环境中的效果及关系。

在某一场景或画面中，如色彩简单，那么它的色别差异也会相对清楚；如色彩复杂，那么它的色别差异就会比较模糊，关键是对这两种处理做何种选择。

（2）色彩纯度：色彩纯度也称色彩饱和度，通常指色彩的鲜艳程度（图2-14）。

在色彩中，所含消色（即黑、白、灰）成分越少，表现越鲜明；所含消色成分越多，表现越黯淡。

从理论上讲，饱和度最高的是最纯的光谱色，因此很少能在自然色彩现象中看到。在画面中，色彩饱和度的关系是相对的，而非绝对的。相对的色彩纯度关系较之绝对而言，更有助于画面色彩的处理。

千变万化的对比色彩艺术更能够发挥其自身的魅力，这种魅力也同样体现在追求特定效果方面。因此，关于对影片中色彩饱和度处理的结果更多的是强调整体色彩氛围下的某种局部色彩效果和纯度关系。

（3）色彩明度：色彩明度即表示某一色彩的明亮程度。

影响色彩明度的因素有色彩的反光率、透光率、光线的照度、大气透视、表面结构关系等因素。

在可见光光谱中，色彩的差异体现了其明度上的差异。所以，在实际拍摄中比较容易控制的是色别关系相近的明度关系。反之，色别关系差异大的明度关系往往得不到很好的控制。这就要求创作者在拍摄过程中不仅要考虑色别的处理，还要兼顾色彩的明度关系，做到既有色彩的变化，又有色彩明度关系所显示的影调层次关系。

色彩明度如运用得当，可以充分地体现出影片的叙事基调和影调风格。例如影

图 2-14 色彩饱和度、数字中间片

片《黄土地》全片中,色彩明度对比关系差别不大,决定了整部影片色彩基调都是暗调。

在创作过程中要处理影片的色彩色别趋势,还要决定影片的色彩明度趋势,所以要从整体上全面考虑。

（4）色彩基调与色调：电影中的色彩基调是一部影片色彩构成的总倾向，也是一种色彩或几种相近的色彩所构成的主导色调，它能将全片定位在一个不管从视觉上还是感觉上都能呈现出一种既整体又具体的鲜明色彩基调的效果。

色调则是导演在开拍前必须确定的视觉语言形式之一。那么，对于摄影师、美术师来说，色调并不单单意味着某种色彩形式，而是场景中众多色彩关系的总和。实际上，影片色彩基调用之于创作中仅仅是其本身，不同的只是我们在表述过程中对其用法有差异而已。

在全片或某一场景中，可以将色彩基调以及色调依靠主观判断控制在不同的色彩形式之内。若按色彩明度划分，调子有亮暗、浓淡之分；按色性划分，则有冷暖之分；按色别划分，又可分为蓝调子、绿调子、红调子等。重要的是，要想丰富影片中的色彩风格，需要在多种色彩中形成一种整体的色彩倾向，有一个清晰的构成关系。只有这样，影片才能有一个主基调和色调，有利于推进影片情节的发展和情感的渲染。

（5）色彩反差：在消色关系中，反差指黑、白、灰的明暗对比度，也指景物或影像的明暗差别。而色彩的反差包括两个方面的含义，即色彩色别的差异、色彩按明度比较所产生的明暗差别。

色彩反差表面上是色彩色别选择配置的不同，实质上是构成影片色彩的视觉效果，它是构成影片色彩主题和个性风格的关键所在。色彩的反差与色别之间的对比幅度是成正比的，不仅仅体现在色性上，更多地体现在色彩明度上，反差大的色彩会带给人明快、强烈的视觉感受。反之，色彩反差小，色别之间的对比也会随之减弱，出现邻近色的概率大大增加，这样的色彩给人以柔和的视觉感受。

例如，在影片《黄土地》中色彩反差较大，充分利用色彩娓娓道来一个旧中国兰花花的故事，在视觉上很悦目，对色彩的处理和影片完全吻合。

许多创作者都会通过设计、处理色彩的反差来实现对影片色彩节奏的整体把握，由它们构成的视觉基础也是影片中的一个部分。

（6）影像色彩：影像创作中色彩应用的整体性和倾向性远远超过绘画上的色彩应用。在影像完成分析中，人们通常将自然界中的色彩划分为四大类十种左右，并将其运用到影像场景中。

① 暖色类：红、橙、黄。

《红高粱》（图 2-15）是张艺谋导演的影片之一，其中的红灯笼、红花轿、红盖头的红色意象充满影像，构成导演对封建秩序与文化的视觉传达。

图 2-15 《红高粱》剧照 暖色

② 中间色类：绿（图 2-16）。

图 2-16 《天使艾美丽》剧照

③ 冷色类：青、蓝、紫（图 2-17）。

图 2-17 影片《戴珍珠耳环的少女》剧照

④ 消色类（素描类）：黑、白、灰（图 2-18）。

此种分类是依靠出现在镜头画面中的色彩色觉的生理反应和心理反应进行分类的，它完成了从生理到心理感知、客观到主观感知的转向，并由这两种理性感知上升到联想认同和审美认同的层面。

色彩本身拥有的这些视觉特性能够帮助其表现自身的符号功能和语意特性，并通过其本身的有序结构形成一个色彩的视觉流。那么，我们在拍摄中就要将这种色彩排

图 2-18 　《出租车司机》、《辛德勒名单》剧照

列成有序、有变化的类别,形成风格,形成对比,从而显示出影片的风格与创作者所要表达的思想情感。

2.1.2　镜头的构成

1. 景别(Shot Types)

景别是指由摄影机与被摄物体距离的不同而造成的被摄体在影视画面中所呈现出的范围大小的区别。一般来说,远景、全景、中景、近景和特写组成了景别。不同的景别有不同的功能,景别的因素有两个方面:一方面是摄影机和被摄体之间的实际距离;另一方面是所使用摄影机镜头的焦距长短。受两个方面的影响,画面上景物大小的变化也会有所区别。在不同的取景范围内,这种画面上景物大小的变化构成了影视作品中的景别的变化(图 2-19)。

1) 特写(CU,Close Up)与近景

特写通常表现人物肩膀以上的头像或被摄主体的细部。

在影片《霸王别姬》(图 2-20)中,手作为程蝶衣在戏剧里的一个重要元素第一次出现,为以后的多次渲染作铺垫,交代程蝶衣的心理,并且转场用特写。

特写是视距最近的画面,表现成年人肩部以上的头像或某些被摄对象细部的画面。特写的表现力极为丰富,会对视觉形象造成强烈的冲击,如果要引起观者的视觉注意,可以选择、放大细微的表情或细部特征。特写可以强化观众对细部的认识,往往深层含义都以细部表现人物内心情感的抒发,还可以把情绪由画内推向画外,对细部与整体进行分割,制造悬念。因此,贝拉·巴拉兹说特写镜头"不仅是在脸空间上和我

Common resolutions

There are many different resolutions available for video, television and cinemas—the table below shows some of them.

Name	Pixels (width x height)	Aspect Ratio	Notes
Standard Definition (SD)			
480p / 480i	720×480 (or 704×480)	4:3 (approx)	NTSC
576p / 576i	720×576 (or 704×576)	4:3 (approx)	PAL
High Definition (HDTV)			
720p	1280×720	16:9	
1080p / 1080i	1920×1080	16:9	
Ultra High Definition (UHDTV)			
4K (2160p)	3640×2160	16:9	Exactly 4 × 1080p
8K (4320p)	7680×4320	16:9	Exactly 16 × 1080p
8640p	15360×8640	16:9	Exactly 32 × 1080p
Digital Cinema (DCI)			
2K	2048 × 1080	1.90:1	The first generation of digital cinema projectors.
4K	4096 × 2160	1.90:1	2nd generation digital cinema.

Notes

图 2-19　视频制式

图 2-20　《霸王别姬》剧照 特写

们距离缩短了,而且它可以超越空间,进入另一个领域——精神领域,或叫心灵领域",它"作用于我们的心灵,而不是我们的眼睛"。

因为能够短暂地吸引观众的视觉注意的只有特写的效果最突出,具有惊叹号的作用,所以在编辑中往往成为一组蒙太奇句子中表现的重心。特写又被称为万能镜头,当画面中出现类似跳轴镜头或镜头间出现衔接不畅时,对转场或跳轴带来的突兀感可以用将特写镜头插入中间的方法弥补。

特写在影像中的作用主要有以下两点:

① 特写是影像艺术的重要表现手段之一,是区别于戏剧艺术的主要标志;

② 特写能够有力地表现被摄主体的细部和人物细微的情感变化,刻画人物、表现复杂的人物关系是可以通过细节展示丰富的人物内心世界的。

2) 中近景(MCU,Medium Close Up)与中景(MS,Mid Shot)

近景通常表现人物胸部以上。

在影片《肖申克的救赎》中（图 2-21），典狱长愤怒地用石头砸向海报，镜头转向瑞德，瑞德一脸惊讶的表情，并转向海报方向，交代双方在发现肖申克逃脱时的心理及对表情的刻画。

图 2-21　近景《肖申克的救赎》剧照

人物膝盖以上部分或场景局部的画面就是中景。和全景相比，中景画面中的人物整体形象和环境空间降至次要位置。以情节取胜的往往是中景，既能表现一定的环境气氛，又能表现人物之间的关系及其心理活动，最常见的景别是电视画面。

在影片《阿飞正传》（图 2-22）中通过中近景情节"女主角找男主角，想要回到男主角身边，但被拒绝，在街上碰到男二号，然后倾诉、分别的情景"突出女主角的无助，以及引出男二号，在交代女主角与男二号的情感联系的同时交代了环境，屋内空间狭小，两个人坐着交流，表现两个人的动作表情，也以此推动情节的发展。

图 2-22　影片《阿飞正传》剧照

中景对物体的结构线条有不错的表现力，对人物脸部和手臂的细节活动能够同时展现，表现人物之间的交流，对叙事表达非常擅长。远景、全景容易使观众的兴趣飘忽不定，而特写、近景只能在短时间内引起观众的兴趣，相对而言，中景给观众提供了指向性视点。它既提供了大量细节，又可以持续一定时间，在交代情节和事物之间的关系方面比较擅长，能够通过描绘人物的神态、姿势来传递人物的内心活动。

3) 全景(VWS,Very Wide Shot)与远景(EWS,Extreme Wide Shot)

摄影对象的全貌或被摄人体的全身是全景的主要表现形式,同时保留一定范围的环境和活动空间。全景主要揭示的是画面内主体的结构特点和内在意义,而远景则着重表现画面气势和总体效果。全景拍摄的优势在于能够完整地记录下人物的形体和动作,并且由此展现人物的内心情感和思想状态,利用全景可以很好地展现全貌的事物场景以及环境状态,用于烘托人物、推进情节发展;在一组蒙太奇画面中,全景拍摄可以清晰地定位出主体在比较完整的特定空间中的具体位置。

远景是所有景别中视距最远、表现空间范围最大的一种景别。远景视野深广、宽阔,画面中呈现的只是隐约可辨的人体,不着重描述细部特征,主要用于表现地理环境、自然风貌、战争场面、群众集会等,在很多情况下表现广阔场面的电影画面。电视节目常常以远景镜头作为开头或结尾画面,或作为过渡镜头。

同样在《阿飞正传》中(图 2-23)交代了男主角头也不回地离开菲律宾的生母家,追寻了二十多年的"家"一瞬间失去意义。男主角早已忘记了一分钟的爱情,但寻母的意念不死;当他被生母再度抛弃而终于绝望时,一分钟的记忆才死灰复燃,却已经面临一辈子唯一的那次着陆。死亡使时间与空间的轨迹交汇,只有死亡才能终止漂泊,也只有死亡才能医治忘却,突出男主角的决绝。

图 2-23　全景《阿飞正传》剧照

远景在影像中的作用有以下 3 种:

① 介绍故事发生的地点、环境,一般用于开篇;

② 用于抒情,主要采用空镜头,例如蓝天、白云、飞鸟等;

③ 故事的境界与升华,一般用于故事的结尾。

不同的景别处理会带来不同的艺术效果和心理感受,在创作影片的过程中,导演和摄影师可以通过来回变换场面调度和镜头调度、交替使用多样的景别形式来增强影片剧情的叙述性、增进人物思想感情的表达性、增加处理人物关系的表现性,从而增强影片的艺术感染力。

2. 角度

1)摄影高度

任何物体,在空间中都占有一定的体积和位置。当我们处于一定的位置去观察这些物体时,视线与对象之间存在着一定的角度。观众可以跟随摄影机的摆放位置从任意角度观察拍摄对象,在日常摄影活动中,我们都在有意无意地选择拍摄的角度。

在传统的影视作品画面中,变化不仅存在于摄影机和对象的距离中,而且存在于角度中。镜头角度是指摄影机的位置与表现对象位置之间的角度,也就是观众所观察到的角度。数字影视作品是指在二维空间中创造一个三维的空间效果,在画面造型效果中有很大一部分成因取决于角度的变化。通过不同角度展现的画面往往具有不同的侧重点和表现力。

一个独特的摄影角度若是没有通过某个与影片的故事情节有联系的场景去直接说明它的合理性,那它就可以在观众的心中取得独特的效果。

影像镜头画面角度的划分都是以人的视线基点为基础的,不同的角度给观众的心理感知和影响也是有差异的。镜头角度的变化可以有千万种,总体来说可以划分为垂直变化和水平变化两大类。

平角度是指摄影机处于与拍摄对象高度相等的位置。影像中绝大部分镜头角度都是运用平角度,符合正常人视觉的生理特征,符合观众平常的观察视点和视觉习惯,通常表现的是符合影片剧情发展的人物交流和内心思想活动。有些影片为了达到特殊的艺术效果往往会采取压低平角的措施,也就是符合儿童甚至是动物的视力水平线的平角。

平角度通常会在视觉上给人一种平和、自然、平等的心理效果,这也是电视新闻的惯用角度,拍摄出的画面感觉大多是客观、公正的。被摄人物的主观视点通常都是平角度拍摄,能够较容易地将观众带入剧情中,具有现场感。其最大的缺点在于平角度的拍摄手法在视觉上往往不具有新奇感,缺乏空间上的表现力,很难表现出规模和场面的宏伟效果，如果构图没处理好，容易使画面变得呆板和单调。

在影片《肖申克的救赎》中（图 2-24）通过对"主人公安迪等待闪电，欲敲击管道，安迪手持石块击打管道"来表现安迪在离自己的计划越近时的心理和形象的越高大。

图 2-24 《肖申克的救赎》剧照

仰拍镜头是指镜头处在正常的水平线下由下到上进行拍摄。这种镜头角度常常会影射出某种优越感，因为仰拍能使拍摄主体显得高大、挺拔，画面中的形象具有权威性，视觉重量感比正常平视要厚重。将人物置于天空之际，甚至以云彩作为光轮来美化人物，一般用于想要表示赞颂和胜利的情节。

在《霸王别姬》（图 2-25）里，师傅代表着京戏行当，仰视镜头表现出京戏的高高在上与地位的不可动摇。

图 2-25 《霸王别姬》剧照 仰拍镜头

俯拍镜头是指镜头处在正常的水平线上,由上而下进行拍摄。这样拍摄出来的画面的透视变化很大,有利于表现地面景物的层次、数量、地理位置及宏大的场面,给人以深远、辽阔的感受。俯拍可以使人物形象被压的更渺小,将人压降到地面的景象中,用这种方式从情感和道德方面给观众造成约束,使人成为一种处于难以摆脱的定数论中的物件,一种命运的玩物。

在电影《霸王别姬》中(图 2-26),通过俯拍镜头、仰视镜头拍霸王和虞姬,显示出霸王的魁梧与王者风范,虞姬挽着霸王,是对霸王的依附。通道里烟雾蒙蒙,也看不出到底是什么年代,像是条时间通道,一走就走过了二十几年。

图 2-26 《霸王别姬》剧照 俯拍镜头

仰角度镜头画面的视觉冲击效果较强,赋予了拍摄主体力量和主导地位,给人产生高度感和压力感,有助于增强人物自身的形象魅力,具有较充分的塑造力。仰拍的画面会使表现主体产生一种令人敬仰、醒目、客观、强调、优越的效果,有助于表现向上跃动的气势,能表达作者的思想情感,透射出对主体对象的仰慕之情,起到强调主体、净化背景的作用,显示出一种严肃、规范、低沉的气氛。

俯角度拍摄视野辽阔,能见的场面大、景物全,有助于强调被拍对象众多的数量,具有较强的感情色彩,可以表现出阴郁、悲伤的情绪和气氛。如果表现人物,被摄主体会显得孤独、渺小。俯角度如果是采用顶摄或航拍全景拍摄,一般用于故事的开始,用来介绍环境、渲染场景氛围。

2）摄影方向

摄影方向水平分为正面角度（0°）、侧面角度（90°）、背面角度（180°）。

（1）正面角度：摄影机处于被摄对象的正面方向或垂直角度的位置。正面角度能够体现被摄对象的正面最具典型性的外部特征，呈现正面全貌，显得庄重、正规，构图具有对称美，例如拍摄领袖做报告。正面角度易于较准确、较客观、较全面地表现人或物本来面貌的特点，其缺点在于空间透视弱，画面缺少立体感，显得呆板、无生气，画面信息表现不充分等。在影片《肖申克的救赎》中（图 2-27），通过对"典狱长愤怒地用石头砸向海报，镜头转向瑞德，瑞德一脸惊讶的表情，并转向海报方向，镜头转回典狱长"来表现被摄对象的性格特征。

图 2-27 《肖申克的救赎》剧照 正拍镜头

（2）侧面角度：摄影机位于被摄对象的侧面方向或垂直角度的位置，主要用于表现被摄对象的侧面最有典型性的特征（图 2-28），用侧面角度拍摄画面显得活泼、自然。在客观对象中，许多物体只有从侧面才能更好地观察到其姿态，如奔跑的人或急速行驶的汽车，在这种情况下侧面角度可以将被摄对象的特色表现得更好。拍摄人物多用于表达人物之间的关系，适合表现人物之间的交流或对抗。侧面角度比正面角度的灵活性大，是影像作品中用得最多的角度。

（3）背面角度：摄影机被摄对象的背面方向的角度。背面角度所表现的画面视向与观众视向一致，使观众有很强的参与感，在电视新闻现场报道中用得较多，具有很

图 2-28 《听说》剧照 侧面角度

强的现场纪实效果。背面拍摄人物会给观众带来一种悬念暗示,在恐怖惊险片中经常使用这种视角。有的影片在交代主要人物出场时首先给一个背面角度的镜头,再切入正面角度,则会在正面角度还未出现的时刻给观众以强烈的期待感。

通过背拍镜头来描述安迪击打管道的间隙,给人以神秘感,期待他的成功(图 2-29)。

图 2-29 《肖申克的救赎》剧照 背拍主客观镜头

3. 镜头

1)光学镜头介绍

(1)短焦广角镜头:35 毫米,拍摄空间的范围变大,突出近大远小的特点,夸张了前景和后景之间的空间距离感,可以表现宏大的场面,但拍人物时容易变形。

(2)中焦标准镜头:35~50 毫米,还原人对空间的视觉透视感受,空间既不延伸,也不压缩。

(3)长焦镜头:50~250 毫米,空间纵深压缩,前景、后景的距离被拉平,背景虚化,主要突出人物在环境中的主体地位。长焦镜头俗称"望远镜头",视野较窄、景深较小,常用于表现较远处的物体。由于长焦摄影的视域较小,如果被拍摄物体是运动的,为了避免失焦,往往需要配合变焦摄影。

2)焦距

在摄影技术中焦距也称为焦点距离,是指从光学透视的主点到焦点的距离。光学镜头根据焦距的可调和不可调分为变焦镜头和定焦镜头。在定焦镜头中,根据镜头焦距的长短又分为标准镜头、长焦镜头和短焦镜头。

焦距越长,视角范围会随之缩小,画面背景也会越虚,主体物更加突出;焦距越短,视角范围扩大,画面背景越实。焦距是影视导演控制画面视觉中心、矩形效果的重要手段,焦距通过改变景物中的主体成像清晰度控制视觉中心,也从而改变画面中心景物和主体的关系,实现表现的效果(图2-30)。

图2-30 《毕业生》剧照

例如《毕业生》中主人公在人行道上面对镜头奔跑,赶去教堂,阻止女友嫁给别人。由于长焦镜头压缩了景深空间,使观众在视觉上以为他虽然尽其所能地快跑,却也只是前进了一段距离,使观众感同身受地体验到了主人公此时此刻焦急万分的心情。

焦距的作用主要有以下几点:①有助于情节的叙述性延展,适用于复杂、丰富的叙事表现过程。例如,通过一个移动镜头、配合变焦,镜头能够将人物主体观察的动作和人物所观察的物体同时记录下来,这是其他拍摄方法所不能达到的叙事效果。②有助于加深影片的抒情性。例如,长焦距镜头可以人为地压缩景深,如果用于主观镜头,可以表现一种心理上的亲近、熟悉;相反,短焦距镜头人为地拉伸景深,如果用于主观镜头,则可以表现一种心理上的生疏、冷漠。异于普通拍摄方法的变焦速度也能够达到主观地表现创作者意愿的效果,猛然地改变焦距,可以震慑观众的内心。③模仿人眼的生理构造,能够在完成对焦、变焦的动作时自然地将摄影机与镜头合二为一。④创造特殊的美学效果与艺术风格。

3)景深

所谓景深,就是根据特定的焦点和镜头孔径由所摄镜头的前景伸延至后景的整个区域的清晰度。因为镜头焦距不同,通过光学镜头拍摄到的空间与真实的空间也有所不同,所以就有了"景深"和"景深空间"的概念。"景深"指距离摄影机镜头由最近的清晰影像到最远的清晰影像之间的距离。镜头焦距不同,给观众所呈现出的画面空间、景深大小也随之不同。景深的大小不仅取决于焦距,更重要的是由3个要素决定,即光圈、焦距、物距。

在影像镜头中的景深通常还涉及场面调度问题,首先,电影镜头的景深是指一个镜头中的众多被摄物之间的关系;其次,电影镜头中景深镜头的运用方式能够充分体现制作者的特殊想法和精心安排;最后,景深往往与双表演区、多表演区相关。

景深具体表现为以下两种情况。

(1)清晰区与模糊区:就是电影镜头的前景和后景,一个清楚、一个模糊。清晰区与模糊区的表现又主要有两种情况。

① 双表演区,清晰区与模糊区相互置换,置换代替了镜头的组接,多用于日本电影和日本、韩国的电视剧中,产生一种特殊的神秘的效果。

② 表达主观的感受,主观强调,焦点由"虚"到"实",或由"实"到"虚"。

(2)全景深:在一个镜头之中,不存在清晰区与模糊区的差别,不管是前景或后景都拥有同样的清晰度。通常,在长镜头拍摄过程中会比较多地运用到景深镜头。景深镜头是将多个镜头集结于一个镜头之中进行拍摄,也就是场面调度。然而在电影中又可将景深镜头分为运动景深镜头与静止景深镜头。运动景深镜头的核心是纪实,记录生活中的现实情况和状态,以欧洲电影为典型代表,静止景深镜头则更多地代表了一种东方式的距离和冷静,其中以侯孝贤、杨德昌、李安为典型代表。

景深的表现可能性被人发现,有意识地使用景深镜头则加剧了电影的发展速度,当然,有一部分影响因素是由电影技术发展所带来的(音响的出现,快速感光胶片、变焦距镜头的发明),在美学范畴内,代表着电影正在再次摒弃舞台影响,在场面调度中重新引进时空概念。为此,对于当代电影来说,景深的运用也许能表明它已出色地取得了自己的独立地位。

4. 摄法

数字影像是由一个个镜头构成的艺术品,运用镜头的不同摄法的原则是努力将各种镜头摄法与内容完美结合,使得每个镜头都能既具有自己的画面美观和叙事内容,又能和谐、统一在整个故事框架中。

下面介绍摄法的分类:

1）固定摄影

固定摄影指的是摄影机机位和机身不变,在场景不变的条件下所进行的拍摄（图 2-31、图 2-32）,通常用来表现人物和环境之间的关系,被拍摄的对象可以更替,可以是动态的也可以是静态的,镜头景别可以根据拍摄需求调整。

图 2-31 《悲情城市》剧照

固定摄影在表现运动方面是很受限制的,虽然结合相应的剪辑处理可以表现出一定的运动效果,但是无法表现连贯运动,由于固定摄影不受其他运动因素的干扰,因此可以形成非常精致的构图,观众可以在镜头中详细地看到被拍摄的对象,因此固定摄影经常在一些表现人物对话和脸部特写等细节的镜头中使用。

图 2-32 《秋刀鱼之味》剧照

2）推镜头

摄影机向前移动,或调整镜头焦距产生景别由大到小变化称为推镜头。推镜头与变焦镜头有所不同,虽然两者都是朝一个主体的目标运动,拍摄的主体会逐渐放大,但推镜头在推的过程中有透视变化,视觉上有慢慢靠近的感觉;而变焦镜头没有透视变化,只是凸显所要强调的部分。

推镜头的特点和主要作用有以下几种:

（1）通过摄影机的前行、镜头的推进将观众带入故事环境中,介绍大的背景、环境与人物关系。

（2）强调某个重要的拍摄对象,镜头的推进形成了突出主体的效果,将所需要强调的拍摄对象从画面中的众多元素中凸显出来。

（3）突出重要的叙事元素,强调重点、刻画细节,增强表演的张力,突出表现某一被拍摄对象的局部细节变化,例如眼睛忽然瞪大。

例如动画片《疯狂原始人》（图 2-33）中的第一个大场景是 croods 一家在戈壁上捕猎,这一段中频繁出现了各种超远距离的推镜头,比如 croods 一家抢到食物往家跑的时候惊醒了正在休息的大猫,镜头从爸爸看到大猫时的惊恐表情猛推到猛犸象的惊恐表情,并特写猛犸象眼球瞪大,表现其恐惧的心理。

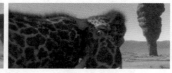

图 2-33　影片《疯狂原始人》剧照

（4）表达角色的内心感受和模拟剧中人物的主观视线,表现出"进入"等视觉效果。

3）拉镜头

拉镜头分为两种情况:第一种是摄影机沿视线方向向后移动,相当于人眼后退;第二种是采取变焦距镜头从长焦距调至短焦距,使拍摄的范围越来越大,画面形象由局部扩散到全部。这两种方法在意义表达上有所区别:变焦距镜头拉的主要特征是主观性,摄影机后退的主要特征则是客观性。使用变焦距镜头往往带有强调的成分。

拉镜头的特点和主要作用有以下几种:

（1）拉镜头所展现的画面内容是从局部到整体的变化，可以引领观众的注意力从细节到环境，加强表现被拍摄对象与环境的关系。例如来到一个新的空间环境，使用拉镜头展现空间的更替，表现新的环境。

（2）如通过镜头在空间上的远离表达出孤独、痛苦、无力等心理变化。

（3）模拟剧中角色的视线，表达内心感受，形成离别、告别等效果，通常在一个段落的结尾或者全片结尾处出现。

（4）表现两个被拍摄物体之间的空间关系。

例如《疯狂原始人》（图 2-34）中 tank 被派出去捕猎时，镜头从 tank 猛拉到鸟蛋，以表现两者之间的遥远距离。

图 2-34　影片《疯狂原始人》剧照

4）摇动摄影

摇镜头是指在拍摄一个镜头时摄影机的机位不动，只有机身在上下、左右旋转等运动，其原理类似于人站着不动，只转动头部去观察事物一样。摇镜头的主要作用有以下 6 点：

（1）介绍环境，描述场景空间景物，起到引见、展示的作用。例如拍摄人、物体以及远处的风景（图 2-35）。

（2）介绍人和物，画面从一个被摄主体转向另一个被摄主体，使主体逐个展现在观众的眼前，完成从起幅开摇到停幅，最后落幅停止这一系列动作，向观众展示出画面信息和表达情绪。例如展现会场上的人物、展示模特身上的服装。

影片《美国往事》（图 2-35）中运用摇动摄影来交代人、景、物，同时记录人或物运动的路线，表现要制造出一种神秘悬念的气氛。

（3）表现画面事物两者之间的联系和关系。生活中的许多事物经过一定的组合会建立某种特定的关系，利用性质、意义相反或相近的两个物体或事物，通过摇镜头把它们连接起来作为某种暗喻、对比、并列、因果关系的提示。

（4）代表剧中人物的主观视线，表现剧中人物的内心感受。在镜头组接中，通常

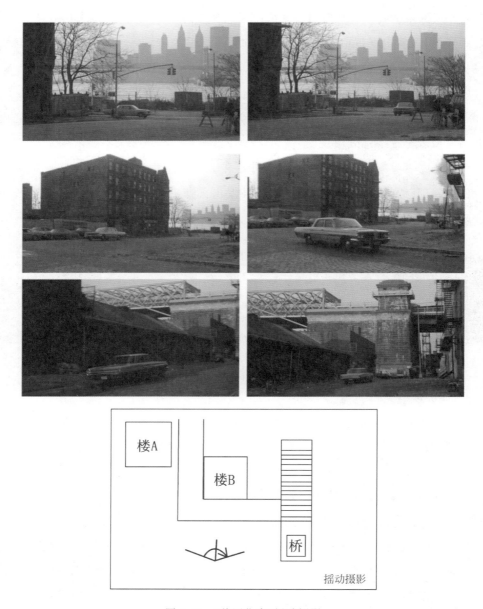

图 2-35 《美国往事》摇动摄影

前一个镜头中展示的人物的动作视线就是下一个镜头中用摇摄所展现的画面空间。此时的摇镜头由于完全追随了戏中人的视线而成为一种主观性镜头。

（5）表现人物的运动，这时候摇镜头类似于人的眼睛，跟踪着运动的物体，展示其运动过程。例如在马路上看到某一辆吸引自己的汽车会情不自禁地转头去看，通常会将摄像机置于一拐弯处，对车辆进行跟摇。又如在电视体育节目中经常看到的赛车，摄像机从场地中心随奔驰的车摇动,观众通过画面可以在较长的时间内清楚地看到赛车的状态。

(6)用摇摄来表现一种悬念。可以利用摇镜头的运动特性满足观众对不可预知的意外之象的满足,制造悬念,在一个镜头内形成视觉注意力的起伏。例如,在摇镜头的起幅镜头中安排一个在草地上睡觉的小孩,在落幅中安排一条向小孩移动的蛇,观众自然会紧张起来。

在使用摇镜头时必须要有一定的目的性,要避免空摇,应该用被摄物把空摇变成跟摇;注意摇的时间长度、速度,以及带给观众视觉感受的信息量的安排;讲求完整、和谐的构图效果,注意落幅和起幅的画面构图,如果只能选择其一进行强调,一般是选落幅。

5)跟镜头摄影

跟镜头摄影是摄影机跟随被摄主体一起运动而进行的拍摄,摄影机的运动速度与被摄主体的运动速度一致,被摄主体在画面构图中的位置基本不变,画面构图的景别不变,而背景的空间始终处于变化之中(图 2-36)。跟镜头摄影的特点和作用有以下四点。

(1)被摄主体在画框中处于一个相对稳定的位置,而背景、环境始终处于变化之中,它能够连续且详尽地表现运动主体。

(2)画面跟随一个运动主体(人物或物体)一起移动,形成一种运动主体不变而背景变化的造型效果。

(3)跟镜头景别相对稳定。观众与被摄人物视点合一,可以表现出一种主观性镜头效果。

(4)跟镜头与推镜头、移镜头的画面造型有差异。

跟镜头具有较强的真实性,一般都是运用肩扛的方法进行拍摄,对人物、事件、场面进行跟随记录,在纪实性新闻拍摄中常用。

将摄影机架在活动物体上,沿水平方向移动进行拍摄的方式称为移动摄影。移动镜头有两种情况:一种是人不动,摄影机动;另一种是人和摄影机都动(接近"跟",但是速度不一样)。

移动镜头摄影的特点和作用有以下四点。

(1)移动镜头使画面框架始终处于运动状态,开拓画面造型空间,产生空间调度效果,丰富了画面的表现形式。

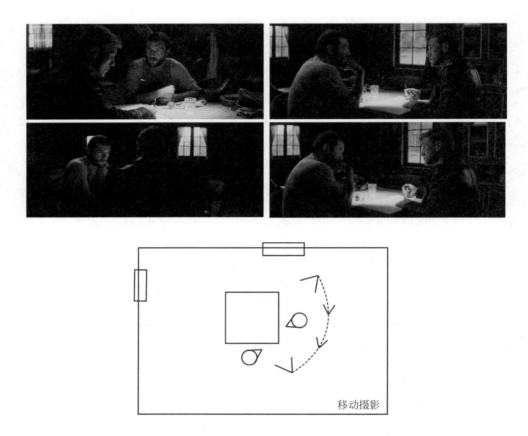

图 2-36 《无耻混蛋》移动摄影

（2）它可在一个镜头中构成一种多构图的造型效果，这种镜头可以构成千姿百态的画面视觉，在表现大场面、大纵深、多景物、多层次等复杂场景方面具有气势恢宏的造型效果。

（3）摄像机运动直接调动了观众生活中运动的视觉感受，可以表现某种主观倾向，创造出有强烈主观色彩的镜头，使画面更加生动，使观众产生一种身临其境之感。

（4）前、后、横和曲线移 4 种移动镜头摆脱了定点摄影的束缚，每时每刻都在改变观众的视点，有距离的变化，表现出各种运动条件下的视觉效果，可以在一个镜头中构成一种多景别、多构图的造型效果，这种类似于蒙太奇的效果一方面源于镜头本身的节奏。

移动摄影的拍摄需要借助一定的摄影辅助工具，力求画面平稳，应用广角镜头，注意随时调整焦点，确保被摄主体在景深范围内（图 2-37～图 2-39）。

图 2-37　摄影轨道

图 2-38　斯坦尼康

图 2-39　panther

第2章　数字媒体影像视听语言基础 ◀◀◀

6）手持摄影

手持摄影是摄影师手持摄影机或者使用减震器来操作的摄影。手持摄影常使用最常见的 DV，它可以迅速拍摄，体现了一种随性、自由的风格。很多纪录片都会使用手持摄影的拍摄方式，具有很强的纪实风格。电影中也有很多尝试，如影片《黑暗中的舞者》《拯救大兵瑞恩》中就采用了很多的手持拍摄手法（图 2-40）。手持摄影的特点和作用有以下三点：①运动自如，不受限制，可以展示较复杂的空间；②晃动的状态与人的自然状态不同；③往往与移动结合，只能用广角。

图 2-40 《黑暗中的舞者》剧照

通过运用手持摄影的拍摄手法增加了影片的记录性,同时表现出主人公当时的状态和心情,更具有现场表现力。

例如电影《金陵十三钗》中(图2-41),豆蔻和香兰回去找琴弦被日本兵追的一段采用了手持摄影的方式来拍摄,摇晃不定的镜头给人带来的慌乱和恐慌感让观众仿佛身临其境一般。

图 2-41　影片《金陵十三钗》剧照

7) 升降摄影

升降镜头是把摄影机安放在升降机上,借助升降装置一边升降一边拍摄(图2-42)。升降镜头的特点与作用有以下五点:①有利于表现高大物体的各个局部。由于垂直地摇镜头时的机位是固定的,在拍摄高处的事物局部时由于透视关系会产生变形,而升降镜头可以在一个镜头中用固定的焦距和固定的景别对各个局部进行准确的再现。②常用来展示事件或场面的规模、气氛和氛围。升降镜头能够很好地强化画面空间的视觉深度感,传递出一种强烈的高度感和气势感。③有利于表现纵深空间中点和面之间的关系。当镜头视点升高时,可以准确地展现出某个点在某个面中的具体位置和关系,同样,镜头视点的降低也可以反映出某个面中某点存在的情况。④可实现一个镜头内的内容中感情状态的变化。升降镜头视点升高时镜头呈现俯拍状态,人物形象显得更渺小,造型本身带有蔑视的感情色彩;当其视点下降时,镜头呈现仰拍状态,人物形象变得高大、有强烈的气势,造型本身具有让人尊敬、仰慕的感情色彩。升降镜头拍摄时需注意升降镜头的升降幅度要足够大,要保持一定的速度和韵律感。

在一部影像作品的实际拍摄中,镜头的推、拉、摇、移、跟等运动形式并不是孤立

41

图 2-42　《美国往事》剧照　升降摄影

的,往往是各种形式千变万化地综合在一起运用的,不应该把它们严格地分开,要根据实际需要来完成(图 2-43、图 2-44)。

5. 镜头的长度与长镜头

1) 长度

镜头的时间以胶片的长度来计算,摄影机每一秒钟拍摄 24 帧、1.5 英尺,3 英尺的镜头就是两秒,90 英尺的镜头就是一分钟。通常,一部影片的长度为一个半小时,胶片总长度为 90(英尺)×90(分钟)=8100 英尺(2700 米),而一部故事影片的镜头数为 300~1000 个。如果 300 个镜头的影片,平均每个镜头长 27 英尺、18 秒钟,则 900 个镜头的影片,平均镜头就变成了 90 英尺、6 秒钟。从这个粗略的计算结果可以看出镜

图 2-43　上人摇臂

图 2-44　电子炮摇臂

头长度的意义——它是导演通过时间控制创造电影叙述节奏的媒介。

一个镜头的长度是由内、外两个因素决定的。内部因素即镜头内容和空间形态的制约,画面内容的陌生感和熟悉度也影响着镜头长度。外部因素是指镜头段落与全片镜头序列的叙述节奏的需要,恬淡的故事、舒缓的讲法多用长镜头,追逐、暴力、欢乐、恐怖的场面和惊险、战争、歌舞等影片中以短镜头为主。

镜头的长度没有统一的标准,通过景别、角、运动形式、长度把每一个镜头以空间和时间的形式呈现在观众的面前,构成影片的一个内容单元,同时,它们又跟相连的镜头和全片镜头的形态建立起各种对应关系,成为影片蒙太奇结构中最基本的元素。在确定每一个镜头的形态时都不应孤立、单一地进行,要把握总体的形态,分别落实到一个个镜头及相互关系中。

在安排一个镜头时,应考虑根据故事内容、镜头的具体布局哪一角度更富有动作性或感染力,同时考虑连贯性,预期的视觉效果和情绪效果,剪辑方案以及切出镜头和插入镜头的运用,故事和影片的形式和结构感,画面宽度以多长为宜,怎样改变和转换观众的注意力,怎样运用主观镜头或客观镜头,一个镜头在一个影片中究竟应占多长时间,以及怎样确立或改变拍摄对象与空间之间的关系等。

2) 长镜头

长镜头其实是一种拍摄手法,广义的长镜头中的“长”指的是镜头的拍摄持续时间长度,但具体持续多久才算是长,并没有特殊的规定(图 2-45)。狭义的长镜头概念是相对于蒙太奇来说的,读者可以理解为长镜头就是“镜头内部蒙太奇”。一个完整的长镜头应当是在一定的镜头拍摄时间内,通过各种综合拍摄方式,利用空间中连续的场面调度,最终形成一个完整的、带有纪实风格的故事段落。可见蒙太奇与长镜头是一种分与合的截然不同的创作理念,蒙太奇是利用对时空进行分割处理来达到讲故事的目的,而长镜头追求的是时空相对统一,不做任何人为的解释;蒙太奇的叙事性决定了导演在电影艺术中的自我表现,而长镜头的纪录性决定了导演的自我消除;蒙太奇理论强调画面之外的人工技巧,而长镜头强调画面固有的原始力量;蒙太奇表现的是事物的单含义,具有鲜明性和强制性,而长镜头表现的是事物的多含义,它有瞬间性与随意性;蒙太奇引导观众进行选择,而长镜头提示观众进行选择。如影片《西西里的美丽传说》中,表现传言在人们之间的传播时使用了一段长镜头,提示观众选择镜头的表现对象(图 2-46)。

图 2-45 《人类之子》剧照 长镜头

图 2-46 《西西里的美丽传说》剧照

第2章 数字媒体影像视听语言基础

6. 特技

1）传统特技

电影特技指的是利用特殊的拍摄制作技巧完成特殊效果的电影画面,在电影创作过程中,经常会遇到一些拍摄和表演危险系数过大、难度大、成本过高,难以在生活中拍摄到或者生活中不存在的场景和镜头。由于常规摄制技术难以完成,所以促使电影特技产生。

早期的电影特技的视觉效果只局限于摄像机的操作技巧上。前期拍摄时的电影特技(即特技摄影)是早期电影大师——法国人乔治·梅里爱在巴黎的德勒剧院拍摄一个场景时意外发现的。在拍摄时设备突然卡住了,经过一分钟的调试才继续拍摄,而放映时荧幕上出现了不可思议的景象:公共汽车变成了灵车,男人瞬间变成了女人。这就是现在我们说的停格再拍(Stop Motion)技术。一次意外的拍摄事故催生了早期的电影特技,乔治·梅里爱也因此成为“电影特技之父”。随后梅里爱更是发明了快动作、慢动作、叠印、淡入、淡出等特技手法,后来在1902年拍摄《橡皮头人》时尝试了分屏技术。2013年的3D电影《雨果》便是一部向乔治·梅里爱致敬的一部作品。

电影特技按制作顺序可以分为用于表演与拍摄的前期电影特技和用于合成制作的后期特技。传统的电影特技大多是以前期特技为主的,如缩微模型摄影、背面放映合成、模型接景等,而后期特效所能使用的手段较少,主要依赖光学洗印技术、剪辑技术来实现,如活动遮片的使用。

通过使用特技制作而成的电影是影像艺术中最具表现力的艺术形式,它将文字转换为生动的画面,将梦想转换为现实。电影特效艺术家与特效技术人员相配合创作出的各种各样的视觉奇观是导演创意和摄影师灵感的来源。

传统电影特技的常用技术手段有以下几种。

(1)活动遮片摄影技术:这是一种将在摄影棚里拍摄的前景(演员场景)与在其他场所拍摄的背景合成在同一个画面中的拍摄方法。遮片分为正、负两块,活动遮片是一种高反差的胶片,在胶片上只有完全透明和完全不透明两个部分。在使用活动遮片制作电影特技的过程中,需要将镜头的前景与背景分开拍摄,前景的剪影形成黑白区域相反的正遮片(前景区域为黑色,背景区域透明)和负遮片(背景区域为黑色,前景区域透明),在拍摄背景时,在印片过程中将作为活动遮片的胶片和普通胶片叠合在一起曝光,得到所需要前景和背景完全吻合的两段胶片。

(2)光学印片:当要把分别拍好的模型、动画、字幕和实景动作拍摄的活动遮片合成在同一段胶片上,成为一段最后的完成画面时,直到数字技术到来之前,几乎都是在一种被称为光学技巧印片机的机器上完成的。光学技巧印片机是特技效果设备中最具创造力、使用最频繁的设备之一。光学印片通常用来处理各种场景之间的转换、修饰和再处理画面、制作拖影效果、通过光学变焦使画面放大或缩小、除去画面中的绳索或钢丝、补救抖动画面。

（3）模型摄影:在电影特技创作中,模型摄影是一个非常重要的手法。许多电影需要的场景在实际拍摄中无法找到、无法拍摄到、拍摄成本过高或者太危险,如一些灾难片场景、幻想或科幻场景。模型摄影恰好可以把现实生活中不存在或已消失的场景、危险性过高的场景搭建出来,配合以其他的特技手法实现电影所需的视觉效果。模型摄影成本低、可控性高,可以按照影片的需求自主拍摄,不用担心事件发生的持续时间,这一系列的优点给了电影创作者更大的创作空间。

1959年导演威廉·惠勒重拍《宾虚》影片使传统电影在特技方面取得了极大的突破。影片中宏大的罗马竞技场主要采用模型接景和绘画接景的方式完成,在荧幕上重现了大气磅礴、令人叹为观止的罗马时代,影片在特技方面的巨大成功使得在此之后的40年内好莱坞无人再触及罗马题材的影片,可见其影响力之大。

1966年斯坦利·库布里克导演的《2001太空漫游》更是达到了传统特技制作的顶峰。影片使用了前置投影系统、模型摄影、特技化妆等多种传统特技手法,所展现的未来世界和宇宙空间可以与今日的数字技术所能呈现的画面相媲美。

2）数字特技

20世纪80年代后期,进入数字时代后,计算机数字技术开始进入电影特技制作的领域。数字技术的发展极大地拓展了数字活动影像的创作空间,拓展了艺术的创作与表现的空间和力度,提高了传统影视的制作效率。数字图像逐渐在一些影片中取代传统的胶片,或是传统胶片通过一定的手段转换为数字图像,以适应计算机后期特技的制作,如今数字特技在电影领域获得广泛的应用,其种类数不胜数,新的技术不断更新着这个领域的制作工艺,并推动数字特技的进一步发展。数字特效有数字遮片、motion control（高科技交互式摄影控制系统）、3D模型合成、动态捕捉等。

3）电影数字特技的制作流程

（1）在拿到剧本后,特技设计者需要先通读剧本、分析剧本,对剧本有个全面理解,并找出需要制作特技的部分,提供一份特效制作清单和导演沟通,确定明确的特效制作部分。

普通的电影中可能不需要概念设计这个环节,但是在特效电影中概念设计却是前期设计必不可少的一个步骤(图2-47)。在这个阶段导演会和美术指导、摄影指导、特效指导等影片重要创作人员讨论确定影片的视觉风格,并由概念设计师完成。概念设计将以精美细致的彩绘图像呈现影片的视觉风格,有时场景概念设计、角色概念设计、动物概念设计、植物概念设计、机甲概念设计、武器概念设计等需要在该领域精通的人士创作。这个创作过程会经常反复,以尽量减少实拍及制作中的曲折。等概念设计完成后,会衍生出精细的制作图用于计算机三维模型、实体模型的制作。

图 2-47　Dylan Cole 为《爱丽丝梦游仙境》制作的精细概念图

(2) 视觉预演。通过三维软件制作特效部分的粗略预演,由动画师以低面数模型制作,可以调整不同的版本以供导演选择。这个部分是在第一部基础上将所需要制作的特效部分用更生动的动画方式展示出来,动画预演中对镜头时间和构图的运用既能给剧本本身一定的指导,也能给后续的制作提供参考依据。

(3) 分析特技部分中需要与前期拍摄相配合的部分,例如场景和绿布的搭建方式、位置,演员和摄影机的调度,将这些方案总结出来,提供给拍摄剧组执行。现场拍摄会严格执行视觉预演确定的构图、运动等,但通常也会出现不少差异之处。

(4) 到拍摄现场与导演和摄像沟通,尽可能将前期的准备工作做得更完善,将前期拍摄考虑得越周全,后期制作会越简单。

(5) 后期合成制作,包括素材的合成、三维模型与实景搭配,以及数字抠像等相关制作,这些多样化的手段配合使用最终得到所需的特技镜头。合成是特效镜头制作的最后一道工序,所有其他部门的工作成果将在此时整合。合成师将利用合成软件的各项功能使各个CG元素真实、自然地合成在一起,不能显露合成的痕迹。合成师要充分了解镜头和画面的构成原理。数字绘景师的工作也隶属这个阶段,他将利用其他部门提供的CG元素结合拍摄现场获得的图片资料进行背景的绘制。合成工作完成后,镜头将送交特效指导或导演进行商讨及交流,这个过程可能会反复很多次。

4)电影《指环王》特技镜头的制作分析

片 段 一

剧情简介:甘道夫来到夏尔拜访老友比尔博巴金斯(图2-48)。

特效设计的要点:夏尔的居民都是矮人,因此甘道夫来到袋底洞要营造出大个子和矮人的对比。这一部分主要运用了motion control技术,和一大一小两个完全相同的场景之间的巧妙搭配。

时间:00:15:28—00:17:58

sc01:甘道夫来到袋底洞敲门。

图2-48 《指环王》剧照1

美术师搭建两个不一样大小的袋底洞,甘道夫的戏在小袋底洞拍摄,比尔博的戏在大袋底洞拍摄,以形成两人身高的对比。

sc02:甘道夫站在小袋底洞门口。

采用仰拍甘道夫的方式模拟矮人的视角(图2-49)。

sc03:比尔博开门。

在大袋底洞门口拍摄,甘道夫的位置距离摄影机较近,脚下踩了台子,显得更高大,衣服里应该有支架夸大甘道夫的身材,帽子和假发也比正常的大一些尺寸,采用这样的办法正好只能拍背影(图2-50)。

图 2-49　《指环王》剧照 2

图 2-50　《指环王》剧照 3

sc04：甘道夫与比尔博拥抱。

这个镜头中甘道夫拥抱的其实是比尔博的侏儒替身(图 2-51)。

图 2-51　《指环王》剧照 4

sc05：比尔博邀请甘道夫进入袋底洞（图2-52）。

图 2-52 《指环王》剧照 5

其拍摄方法和 sc03 的一样。

sc06：甘道夫进入袋底洞。

甘道夫来到袋底洞，这里的场景拍摄是比尔博在大袋底洞表演完成，运用 motion control 技术拍摄了甘道夫进入小袋底洞的动作，合成完成镜头（图2-53）。比尔博拿的甘道夫的杖子和帽子都是事先挂在那里的，只不过甘道夫进来后遮挡了挂东西的部分。

图 2-53 《指环王》剧照 6

镜头向右摇，比尔博进入房间的部分在大袋底洞实拍（图2-54）。

镜头向左摇，甘道夫不小心撞到了灯，同样运用 motion control 技术拍摄甘道夫站在小袋底洞的情形，并与比尔博的部分进行合成（图2-55）。

第2章 数字媒体影像视听语言基础

52

图 2-54　《指环王》剧照 7

图 2-55　《指环王》剧照 8

sc07：甘道夫撞到了灯。

为了丰富镜头，又在小袋底洞拍摄甘道夫撞到灯的动作（图 2-56）。

图 2-56　《指环王》剧照 9

sc08：比尔博给甘道夫拿点心，在小袋底洞拍摄（图 2-57）。

图 2-57　《指环王》剧照 10

sc09：比尔博找不到甘道夫，一扭头发现甘道夫探过头来（图 2-58）。

图 2-58　《指环王》剧照 11

运用 motion control 技术拍摄了比尔博在小袋底洞的转头动作和甘道夫在大袋底洞的低头动作，然后进行合成。

sc10：比尔博为甘道夫准备食物（图 2-59）。

对于这里的场景，美术师在搭建的时候将甘道夫的位置增加高度，利用近大远小的原理，让摄影机距离甘道夫近、距离比尔博远，形成一种大人和小人的对比效果，桌上的道具也是经过设计的，远处的道具其实比近处道具的实际尺寸更大，桌子由两段构成，一段靠近甘道夫，一段靠近比尔博，在特定的位置拍摄时这种设计可以应用。

图 2-59 《指环王》剧照 12

<h2 style="text-align:center">片　段　二</h2>

剧情简介：萨鲁曼施法攻击甘道夫，甘道夫跳下高塔乘大鸟逃走。

时间：01:25:09—01:27:21

这一部分特技表现的是高台的效果，主要靠数字抠像技术、数字接景和合成技术完成。

sc01：红线的部分（高塔的台子和柱子）是实际搭建的场景，实拍；其他区域用绿幕布抠像，然后与数字绘景部分合成（图 2-60）。

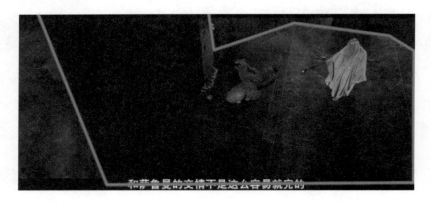

图 2-60 《指环王》剧照 13

sc02：红线部分所示的甘道夫的假人模型，萨鲁曼在施法时，通过吊钢丝绳移动模型实现。甘道夫被吊在台子外面的效果，背景同 sc01，绘制合成（图 2-61）。

sc03：红线位置是演员躺的台子，在后期抠掉，头发用鼓风机吹出风的效果，与绘

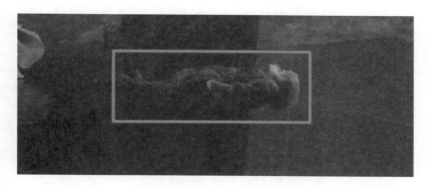

图 2-61 《指环王》剧照 14

制的背景合成(图 2-62)。

图 2-62 《指环王》剧照 15

sc04:红线部分是实拍,蓝线部分是假人模型(图 2-63)。

图 2-63 《指环王》剧照 16

sc05：蝴蝶是根据甘道夫视线的移动后期加入的 3D 模型（图 2-64）。

图 2-64 《指环王》剧照 17

sc06：红线部分实拍，台子搭的比较低，周围是绿幕布，甘道夫跳下高塔的时候只需从台子上跳一段很小的高度，摄影机架高，形成俯视效果（图 2-65）。

图 2-65 《指环王》剧照 18

sc07：甘道夫和 3D 鸟合成，再跟背景（图）合成（图 2-66）。

图 2-66 《指环王》剧照 19

2.1.3 轴线

轴线问题是在拍摄过程中经常遇到的,也是初学者容易忽视的问题。那么什么是轴线? 轴线是在镜头的转换中制约视角变化范围的界限。轴线是被摄对象的视线方向、运动方向或是被摄对象的视线方向、运动方向和对象之间的关系形成的一条假定的直线。根据导演的场面调度,在同一场景中拍摄相连镜头时,为了保证被摄对象在画面空间中的位置正确和方向统一,使画面不产生跳跃感,对摄影角度的处理要遵守轴线规则,即在轴线一侧180°之内设置摄影角度。如果越过这条线拍摄,运动方向就会相反,这是构成画面空间统一感的基本条件。

需要特别说明的是,为了寻求富于表现力的电影场面的调度和电影画面构图,摄影角度往往不局限于轴线一侧,当然,穿过轴线拍摄也需要一定的方法。

下面介绍几种运用轴线的拍摄(图 2-67):

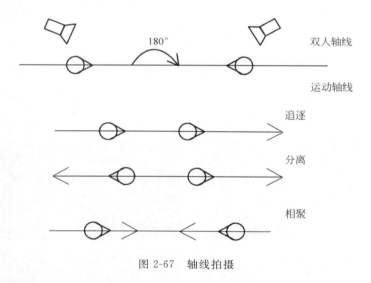

图 2-67 轴线拍摄

1. 双人对话场面

在轴线规则的实际应用中,双人对话场面相对简单,同时,双人对话场面中轴线的使用是其他更复杂情况的基础。

(1)三角形原理:场景中两个中心演员之间的关系轴线是以他们相互的走向为基础的。

(2)总角度。

(3)双人对话的典型机位。

（4）4个人或更多人对话场面的处理。

表现两三个人的静态对话场面的基本技巧也适用于表现更大的人群。但是，4个人或者是更多的人同时进行对话的情况是罕见的。其中，有意无意地总有一个为首，他作为一个主持人，将观众的注意力从这个人转到另一个人身上，因而对话总是分区进行的。在比较简单的情况下，一个或者是两个讲话的主要人物只是偶尔被他人打断。

在这样一组人中，如果让一些人站着，另一些人坐着，整个构图呈三角形、方形或圆形，就可以突出一群人中的任何一个。在舞台上，这种技巧通常称为隐藏的平衡。一群坐着的人是由一个站立的形象来平衡的，反之也是如此。如果有些人比另一些人更靠近摄影机，那就加强了景深的幻觉。在表现一组人时，为了突出其中的重点，布光的格局也起到重要的作用。按常规是主要人物照明较亮，其他人物照明较暗，虽然看得见但处于次要地位。

在电影《乌云背后的幸福线》中（图2-68），蒂芙尼和派特以及派特老爸对话的一段戏就采用了三角形站位的方式，蒂芙尼闯进派特家质问派特，通过一个近景镜头和一个摇镜头展示了3个人的位置关系，随后蒂芙尼与派特老爸的对话中，蒂芙尼讲话时采用过肩拍摄的方法拍摄派特老爸的肩膀，派特站在蒂芙尼身后，摄影机的焦点和光线放在蒂芙尼身上，以突显讲话的人物。

图 2-68　影片《乌云背后的幸福线》剧照

2. 多人对话场面

表现两三个人的静态对话场面的基本技巧也适用于表现更大的人群。但是，4个人或者是更多的人同时进行对话的情况是罕见的。

电影《色戒》(图 2-69)的一开始就是 4 个太太在打麻将,4 个太太之间相互调侃,通过全景展示各位太太的座位,两人或三人过肩近景表示临近关系,并穿插丰富镜头的首部特写、面部近景镜头来增加镜头的层次。

图 2-69　影片《色戒》剧照

3. 运动场面

在影片《罗拉快跑》中(图 2-70)所展现的几次相同行动路径通过不同的发展结局和一连串的人物动作表达了主人公急切的心情,这也是主人公心理活动的变化。

4. 越轴

越轴的英文全称是 Crossing the line,这一概念常常提醒导演所选择的视角是从已建立的动作轴线的另一边拍摄的。这是一种较为冒险的调度手法,这种镜头背离了轴线的 180°原则,会造成画面上动作方向和人物位置关系的混乱。当越轴前后的两个镜头剪辑在一起时,会产生强烈的画面跳跃感(图 2-71)。

摄影机如果越过了轴线一侧的 180°范围界限即越轴,越轴会造成视线上的不匹配、视觉方向上的混淆。例如在对话场景中的无理"越轴"会造成人物位置和视线的重叠。但轴线并不是永远不可逾越的,在情绪点上恰当地运用剪辑技巧越轴,可以使人物情绪与影片情绪达到一致,增强影片的艺术感染力。

图 2-70　《罗拉快跑》剧照　运动场面

图 2-71　《被解救的姜戈》剧照　越轴

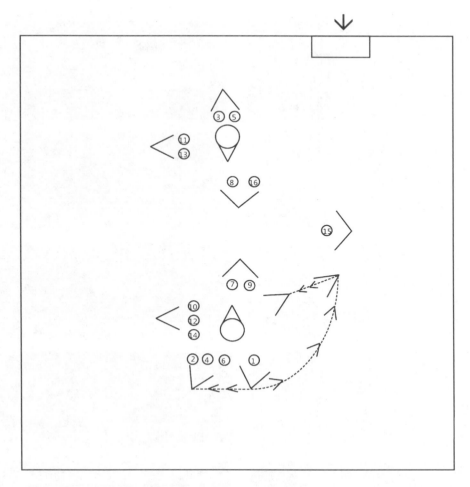

图 2-71 （续）

在影片《无耻混蛋》（图 2-72）中，通过摄影机的轴线运动来实现场面调度，为后续拍摄藏匿犹太人，表现犹太人复杂的内心变化，同时引出藏在地下室的犹太人的处境，增加后来犹太人被杀害的惨烈程度做铺垫。

图 2-72 《无耻混蛋》轴线问题

62

图 2-72 （续）

2.1.4 分镜头

分镜头又称摄制工作台本,"分镜头剧本"又称"导演剧本"。在文字脚本的基础上,创作者按照自己的总体构思将故事情节内容以镜头为基本单位划分出不同的景别、角度、声画形式、镜头关系等,将文字转换成立体视听形象的中间媒介。后期的拍摄、剪辑、特效等基本上都会以分镜头剧本为直接依据,所以分镜头剧本也称为导演剧本或工作台本。

分镜头剧本的创作首先应建立在创作者的创作构思来自于对剧本和有关资料的深入细致的研究和透彻的理解的基础上。

(1) 充分了解编剧的创作意图、目的、对象及影片的类型,捕捉剧本的新意和自己对剧本的最初感受,估计预期效果。

(2) 在熟悉剧本故事情节的基础上,与编剧及主要创作人员共同研讨剧本的主题是否正确、鲜明而富有意义,并找出存在的问题,提出问题修改意见。

(3) 分析剧本的内容应如何在屏幕中表现,情节是否真实可靠;内容是否充实、富有表现力;镜头的处理是否到位,细节的处理如何,剪裁是否得当。

(4) 掌握任务或事物的个性特质,分析剧本是否对人物或事物进行了多角度、多层次、多侧面的表现,以合理充分的表现情节清楚地交代和推动故事的发展。

(5) 审定解说词或对白,看解说词或对白配的是否贴切、融洽。若是拍摄纪实性较强的专题节目,这方面的工作可留在节目编辑完成后进行。如果是有人物对白或主要依靠解说来阐释画面内容、推动情节的发展,则需要事先研究、修订好解说词,以便掌握画面的长度、整体节奏和视听造型的综合效果。

1. 编写分镜头剧本的方法

分镜头的方法依照摄制内容和创作者本人的创作习惯而定,大致可分为 3 种。

(1) 创作者将节目内容分为若干个场次,再将每场分为若干个镜头,从头到尾按顺序分下来,列出总的镜头数。然后进行斟酌、讨论、汇总,例如哪些地方该细,哪些地方可以省略,总体节奏如何把握,结构的安排是否合理,再给予必要的调整,对镜号进行最终的确定,为后面的拍摄做好充分准备。

(2) 创作者先将节目中重要场次的镜头分出来,形成基本框架,然后细分次要的内容和考虑转场的方法,最后形成一个完整的分镜头剧本。

（3）创作者只写出分场景剧本，这种剧本要比分镜头剧本简单很多，它不是以镜头为单位，而是以场景来划分，文字叙述也比较简洁，可以一目了然地看出各场戏的场面和进程，直到拍摄现场，导演再具体分镜头，进行即兴创作。这种方法难度较大，需要导演具有较高的功力和随机应变的能力，随机出来的效果可能是更加灵活、生动的效果，有助于故事情节丰富多变的发展。

2. 分镜头剧本的内容

分镜头剧本是创作者对由文学形象到视觉形象的转变的具体化的总体把握和设计，可以体现创作者或导演的风格特点。分镜头剧本的好与坏决定了整个画面的视觉效果以及故事情节的发展。

分镜头剧本的内容一般包括镜号、景别、摄法、长度、内容（指一个镜头中的动作、台词、场面调度、环境造型）、音响、音乐等，按统一表格列出。无论导演采用哪一种分镜头的方法，在创作分镜头剧本时都要考虑下面几个方面的内容：

（1）根据拍摄场景和节目内容分出场次，也可直接注明场景的名称，按顺序列出每个镜头的镜号。

（2）确定每个镜头的景别。导演对景别的选择不仅仅是出于表达故事情节内容的需要，还要考虑不同景别对表现节奏的作用，例如人与人、人与物以及物与物之间的空间关系，还应注意人们认识事物的规律。

（3）规定每个镜头的拍摄方法和镜头间的转换方式。在此着重要说的是，镜头的拍摄和镜头间的转换尤为重要，可以说它是一个作品成功与否的重要砝码，直接决定了创作的质量。

（4）估计镜头的长度。镜头的长度取决于常识内容和观众领会镜头内容所需的时间，同时还要考虑情绪的延续、转换或停顿所需要的长度，以秒计算。

（5）用精练、具体的语言描绘故事情节所要表现的画面内容，包括事件发生的时间和场所，情节的安排、人物的安排，人物走位及人物的主要动作，人物表情和心理状态以及细节的处理。

（6）导演以及主创人员还要充分考虑声音的作用和声音与画面的对应统一关系，人声、音响效果和音乐对应的画面感觉。

表 2-1 所示为《布鲁克林警察》影片的分镜头分析。

表 2-1　《布鲁克林警察》影片的分镜头分析

镜号	画面	景别	角度	摄法	镜头内容	长度	音效	音乐
1		全景至近景	略俯	固定摇动转至跟拍	通过车的反光镜表现车中人物的表情，这时主人公谭戈开车进入画面，之后看到有人在监视，径直走向厨房后门，途中又回头看了一眼监视的人	15″	汽车声音	
2		中近景	平	拉镜头	镜头转向监视者，交代当时的情景	3″	背景音效	
3		中景	平	跟拍	出于职业的潜意识，谭戈下意识地回头看了看监视他的车辆，走向厨房的后门	6″		

续表

镜号	画面	景别	角度	摄法	镜头内容	长度	音效	音乐
4		中景	平	固定镜头转至升镜头接跟镜头	画面转向厨房,谭戈进入厨房问道:"嘿,你好吗? 你怎么样?"随后问厨师:"那恶心的东西是今日特供吗?"厨师回答:"少来,谭戈"。	3″		
5		近景	平	固定	卧底谭戈在门外看见陌生人,问门外的厨师:"和比尔坐在一起的是谁?"厨师回答:"不知道!"	10″		

镜号	画面	景别	角度	摄法	镜头内容	长度	音效	音乐
6		近景	平	跟拍	镜头再次转向谭戈疑虑的表情,并给出了酒吧的特别探员	2″		
7		近景	平	跟拍	谭戈带着疑虑的心情推门进了酒吧	6″		
8		中近景	平	跟拍	比尔给谭戈介绍说:"克拉伦斯,给你介绍的特别探员。"史密斯接过话:"请坐,警官!"	6″		
9		中近景	略仰	固定	比尔给谭戈补充介绍说:"史密斯会参与我们所有的大案子!"	3″		

镜号	画面	景别	角度	摄法	镜头内容	长度	音效	音乐
10		中近景	略俯	跟拍	特别探员史密斯向谭戈说："你的任务完成的很棒，让我升职了！我感激你！"拿起咖啡举向谭戈	6″		
11		中近景	略仰	固定	镜头给了史密斯说话时比尔和谭戈的表情	3″		
12		中近景	平	固定	史密斯再次强调："托你的福，我买了更大的房子！"	5″		
13		中近景	略仰	跟拍	谭戈问比尔："你找我来干嘛?"史密斯接过来说："你知道，一旦华盛顿那边听说，有警察朝研究生开枪，我们就不得不插手！"	6″		

镜号	画面	景别	角度	摄法	镜头内容	长度	音效	音乐
14		近景转至特写	平转至略俯至仰	跟转至摇到升镜头	史密斯给谭戈补充说："这种事总会把人搞得晕头转向,他们会忘记自己是哪边的,搞不清谁才是真正的敌人,我们要不时地提醒他们一下。卡萨诺瓦·菲利普斯法官给了这个混蛋免罪金牌。"	28″		
15		特写	俯	推拍	史密斯再次补充:"我想让你把这张金牌拿走,但我们需要证据。"	2″		

续表

镜号	画面	景别	角度	摄法	镜头内容	长度	音效	音乐
16		近景	略仰	跟拍	史密斯接着补充交代任务说："你让他和我们的人交易找一个缉毒警可以行动的地方,搞一次突击行动搜集证据,我再来一个高调的拘捕行动。"	10″		
17		近景	平	固定	镜头再次转向史密斯	4″		
18		近景	略仰	固定	谭戈回应："哦,请允许我回绝你的提议",随后起身要走	7″		

镜号	画面	景别	角度	摄法	镜头内容	长度	音效	音乐
19		近景	平	固定	史密斯气愤地说："搞什么,你开什么玩笑!"	2″		
20		全景	平	固定	史密斯和比尔起身准备追谭戈	16″		
21		全景	平	跟拍	谭戈出酒吧,史密斯追出来问:"爱丽莎还好吗?"	5″		

续表

镜号	画面	景别	角度	摄法	镜头内容	长度	音效	音乐
22		中近景	平	固定	谭戈回头看史密斯	1″		
23		近景	平	跟拍	史密斯跟谭戈说："对不起，很快就是前妻了，对吧?"随即让厨师出去	4″		
24		全景	平	固定	比尔对厨师说："没事，谢谢你，我们就需要几分钟。"	3″		
25		中近景到近景	平	跟拍	史密斯继续说："我听说他在重新装修房子，就靠一个警察的工资吗?"	5″		

镜号	画面	景别	角度	摄法	镜头内容	长度	音效	音乐
26		近景	平	固定	史密斯说:"你知道在过去的两年里,你经手了很多现金。"	6″		
27		近景	略仰	固定	谭戈说:"我干这行以后没投过一分钱,你抓不到我的把柄。"	4″		
28		近景	平	固定	史密斯威胁道:"你不想让我盯着你不放吧?因为我会一直盯着你直到找到点什么!"	5″		
29		近景	平	固定	谭戈回应道:"是直到你栽赃点什么吧,说话小心点!"	2″		
30		近景	平	固定	史密斯气愤到了极点,说:"你给我听好了!"	6″		

续表

镜号	画面	景别	角度	摄法	镜头内容	长度	音效	音乐
31		近景	平	固定	史密斯怒斥道："你以为你翅膀够硬了是吧？就因为你卧底参与了克林顿清剿行动？"	6"		
32		近景	略俯	固定	史密斯说："还从一场小事故中全身而退？"	2"		
33		近景	平	固定	谭戈回应："既然你对我了如指掌，也许你就不该对我指手画脚了，现在你手头上有案子，拿出来！"	5"		
34		近景	平	固定	镜头再次转向史密斯的气愤表情	1"		
35		特写	略仰	固定	谭戈继续说："在那之前离我远点。"	2		

镜号	画面	景别	角度	摄法	镜头内容	长度	音效	音乐
36		全景	略仰	固定	谭戈走出厨房、比尔追出来,等等	5"		
37		近景	平	固定	谭戈对比尔说:"你搞什么?你想我站在那听她瞎扯吗?赶快离开吧!"	5"		
38		近景	平	固定	比尔对谭戈说:"别让他找你的麻烦,好吗?她会成为纽约警局的头。难以置信吧!"	6"		
39		近景	平	固定	谭戈说道:"比尔,对你有什么好处?"	1"		

续表

镜号	画面	景别	角度	摄法	镜头内容	长度	音效	音乐
40		近景	平	固定	镜头给出比尔的表情	1″		
41		近景	平	固定	谭戈对比尔说："对,你能升职吗,你会成为警官? 局长? 还是什么?"	2″		
42		近景	平	固定	比尔对谭戈说："别激动,我站在你这边! 我知道你和菲利普斯有点交情。"	4″		
43		近景	平	固定	谭戈回比尔："他救了我的命,老兄!"	2″		

镜号	画面	景别	角度	摄法	镜头内容	长度	音效	音乐
44		近景	平	跟拍	比尔问谭戈："你知道我干嘛来这儿吗？你搞定这事就能当上一级警探！这次是真的，昨天批准的！想要的办公室，想要的生活。"	11″		
45		特写	平	固定	镜头给出谭戈的表情	8″		
46		近景	平	固定	比尔继续劝说谭戈："你需要做的就是搞定这件烂事！"	3″		
47		特写	略仰	固定	谭戈对比尔说："比尔，你总是要搞这种有条件的交易。"	4″		

续表

镜号	画面	景别	角度	摄法	镜头内容	长度	音效	音乐
48		中近景	平	固定	比尔对谭戈说："别放弃机会。"	4″		
49		近景	平	固定	镜头转向谭戈进车	1″		
50	 	全景	平	固定	谭戈开车走	2″		汽车启动加速的轰鸣声

3. 分镜头的依据

1）依据视觉心理的规律

电影电视画面是给观众看的,观众在观看时才能把被拍摄对象的心理活动看得更清楚。例如,是从近处看还是从远处看;是局部看还是整体看;是从高处往下看,还是从低处往上看;是跟着看,还是固定下来详细看。在分镜头时要充分考虑观众的心理需求,并注意镜头的景别与拍摄的技巧。人们在观看作品时思维是非常活跃的,会迅速、连续地出现许多疑问、联想和猜想,同时会迅速、连续地在观看中得到解答,得以印证。这种"疑问—解答"的思维变化在观看过程中始终以自然、观众不易察觉的方式反复进行。如果有些疑问或要求得不到满足,就会使其观众不知所云,会使故事的叙事变得匪夷所思。镜头处理得好,可以巧妙地引导和把握观众的思维和感受,使他们在获取信息的同时得到视觉和心理的满足。导演及创作者应该把自己放在观众的位置,仔细揣摩观众在看到画面和听到解说时可能产生的各种问题,并从内容到形式上按思维逻辑和观察习惯去划分镜头。

2）依据组接的原则

用蒙太奇手法进行组接,从而构成镜头组。

3）依据画面内容的表现需要

文字稿本中画面内容的描述勾画出一系列需要表现的形象和动作,这些形象和动作在导演的头脑中形成后,需要仔细分析实现它们的可能性,设想从什么角度和用什么样的手法去表现。把这些设想的雏形和实际拍摄的对象进行核对后,要用多少镜头、每个镜头的长度,以及镜头的技术和艺术要求等基本上都可以确定。

我们可以说它是影片的拍摄计划和蓝图。分镜头草图（故事板）的使用可以追溯到华特·迪斯尼的第一部卡通片,韦布·史密斯是迪斯尼 20 世纪 30 年代早期发明故事板的动画师。不过即使没有迪斯尼的影响,故事板最近的血亲——漫画书已经扎根于 30 年代大多数美国人之中。电影可以用单一的画板加以影像化的观念成了不可避免的发展结果。

希区柯克也许是最擅长故事板的导演,他使用细致的图卡来修饰他的视像和控制拍摄流程,以保证他的原始意念可以完整地被转化成影片。他手绘的《西北偏北》分镜图如今成为众多电影人观摩学习的必读手册。对美工师出身的希区柯克而言,这也是一种借以确认他就是影片创作人的途径。他经常说他的电影还在没拍之前就已经完成了。我们能够从他在现场很少看取景器的事实得到证明,因为现场所拍的仅仅是故事板中的等同物,而故事板早就已经完成。

在好莱坞,几乎每部电影都会有专门的故事板制作团队。从早期的默片到现在的大片,故事板的制作是电影筹备前期的必要一环。分镜师根据剧本和导演的意见画出故事板,将画面的基本构图和运镜时间等详细地准备好,之后电影开拍,导演几乎能按照每个画面进行调度拍摄。但是在国内,因为资金不够,这些年才开始慢慢有了分镜师这个行业。一般大导演的片子才会花钱请分镜师,一些投资小的片子,如果美术师会画就美术师来画,如果美术师觉得钱少,导演就自己来,也有的干脆忽略这一环节。

国内也有十分重视故事板的导演,徐克就是其中之一。例如一直被人们津津乐道的网上流传的徐克的手绘故事板就是电影《狄仁杰之通天帝国》的手绘图(图 2-73)。

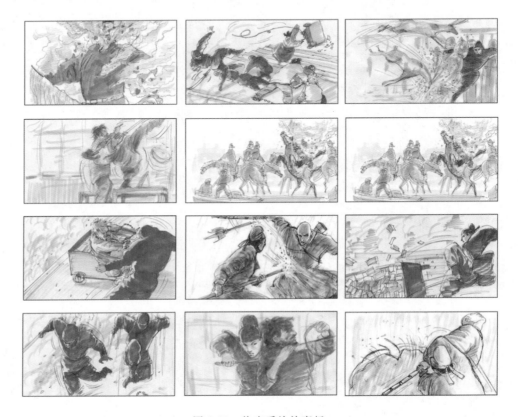

图 2-73 徐克手绘故事板

这么多年来,徐克始终保留手绘镜头的习惯,灵感来了就画上几笔,《通天帝国》、《七剑下天山》、《蜀山传》等电影的手绘镜头都非常华丽、漂亮(图 2-74)。

分镜头的作用主要如下:

(1)它让影片创作者得以预先将他的想法显现出来,并且可以像作家一样,通过连续修稿发展故事情书。

(2)可作为与整体制作组成员沟通想法的最佳语言。

分镜的沟通价值会因为制作的复杂程度而增加,但它并不局限于动作场面和高成本的制作,即使是小规模的、戏剧性的影片也能受益于分镜头剧本。

然而故事板最明显的不足就是它不能表现运动,不只是画面之内的运动,更重要

图 2-74 徐克场景气氛图

的是摄影机的运动。另外还有叠化、淡入淡出等光学效果,也超出了故事板的表现范畴,景深和焦点的操纵也是如此。最直接的方法就是用文字注明和用概要图表示画不出来的东西。

2.1.5 场面调度

随着视听语言的演进,剪辑中的画面、调度中的剪辑的重要性使得两种流派边界变得模糊、融合,更多地需要强调在不同的影片或段落中有所偏重并且互相需要,下面强调的是在组合这个范畴内两种表现方式的区别。在传统概念中场面调度分为人物调度和镜头调度,其中的镜头调度包括利用单镜头构成表达,现在去掉其中涉及单镜头构成的部分。单纯的单镜头构成部分主要在镜头调度中强调和人物调度结合的部分以及由人物调度带来的镜头调度部分,使人物的动作和镜头更好地衔接来交代剧情的发展。新的概念中利用镜头组合和人物动作尤其是位移结合表现一个空间内的人物动作情绪及其他叙事目的,这样能更好地表现当时主人公所处的情境以及心理变化,从而达到创作者要表达的创作思想。人物调度多少回归戏剧中的场面调度理论。人物仅仅是在空间内位移,仅仅是动作不能算是调度,而是人物在空间内的位移带来动作心理的改变,带来人物之间关系的改变,这些改变有利于叙事,我们称之为调度。利用人物调度中产生的镜头设计的可能性,利用视听特点进行表达,产生和人物调度密不可分的有利于叙事的镜头语言。

在影片《无耻混蛋》(图 2-75)中,通过摄影机的调度和演员动作的行走,以兔女郎作为这场戏的穿插,表现主人公当时的心理以及环境的变化,从而介绍当时人物的活动和心理,通过摄影机的移动来跟随女主人公的行动推动故事情节的发展。

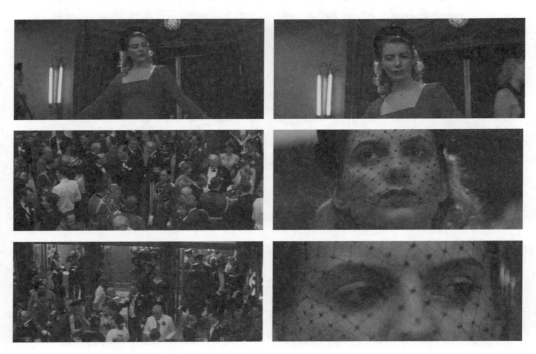

图 2-75 《无耻混蛋》场面调度问题

图 2-75 （续）

第2章　数字媒体影像视听语言基础

图 2-75 （续）

在片场,导演必须先做出两个决定:第一,摄影机放置在哪里;第二,演员在摄影机前如何运动。否则,无论是摄影师还是服装道具,大家都无法开始投入工作。场面调度不是由一些支离破碎的决定拼凑出来的,而是一个完整有序的计划,这个计划将指导整个创作团队有序完成每天拍摄工作。俗话说"片场为最大",说的就是根据片场时刻变化的情况及时进行场面的调度,体现出场面调度在剧组中的重要性。

构思调度方案的首要依据仍然集中于它们的美学价值,而且现在还加入了对可操作性的考量,以帮助导演更好地培养出一种在任何特定情况下判断什么是最佳方案的意识。这个"度"在于为追求场面调度耗费的实际拍摄时间和艺术家的创作精力是很有限的,导演不应在片场过度苛求自己和同伴。无论一个导演是多么"眼高"或是艺术境界超凡,在现场,其艺术追求能否被合作者们实现才是最重要的。

任何一部电影的成功在很大程度上取决于如何解决上述问题。归根结底,最好的办法还是靠导演去寻找。只有凭借不断积累的经验才能掌握如何在每天的拍摄进程中找到想要的摄影机位,而这些经验最终将对导演创作上的成功起到很大的影响。

在影片《美国往事》(图 2-76)中,展现中国戏院的奇观化场景时运用了这样的镜头。老人处在镜头深处，推开一扇门，在这一个镜头中出画面，而后下一个运动切中入画，这样既使运动的衔接自然流畅，又很自然地把两个不同的场景结合在一起。

图 2-76　《美国往事》场面调度

导演在调度一个场景时应该综合考虑以上 3 个要素（叙事性要素、戏剧性要素和画面要素），导演用什么样的手段来满足这 3 个要素决定了他的调度方法。

当然，灯光、美术、镜头的选择和后期剪辑都可以是控制戏剧性重点的辅助手段，但说到场面调度,我们主要关心景别和被摄主体在画面中的位置。在实际拍摄中,导演主要采用对比景别和被摄景别的手法。例如,把一个被摄主体的镜头从中景推到特写,这是一种强调被摄主体重要性的常用手法。另外还有一种不是很常用的方式,即把一个被摄主体的镜头从特写拉到全景,也可以起到强调作用。

画面要素是场面调度要考虑的最后一个问题,包括构图、取景,灯光和镜头的摄影特性等。通常达到一个镜头的画面品质是最容易的,因为让这些画面要素发挥出最佳效果并不那么需要倚赖此段落中其他镜头的配合。

2.2 声 音

2.2.1 影像音响的特征

人类生活在一个被声音围绕的大千世界里,或风声鹤唳、穿云裂石、聚蚊成雷、龙吟虎啸,或铿锵有力、惊天动地、沸反盈天,这些声音无论积极或消极都汇聚成我们这个可以聆听的大千世界。自从电影界有了足够的技术把声音融入影片以来,电影愈加亲切甚至更富有魅力。

在影视创作中,音响不再仅仅是重复画面中的事物。严格地说,应当指生活的声音,或者称为声音的环境气氛。生活环境中的一切声音在影视中都可作为音响效果加以艺术处理。它不仅能创造逼真感,尤其重要的是,它能作为环境气氛来烘托人物的情绪,其作用绝不亚于音乐。

例如在影片《全金属外壳》(图 2-77)的军官的训话过程中,通过声音的表现和与士兵的对话来展现人物的性格。

图 2-77 《全金属外壳》人声

图 2-77 （续）

第2章　数字媒体影像视听语言基础 ◀◀◀

图 2-77 （续）

2.2.2 影像音响效果的处理

1. 音乐在影像中的作用

经典电影音乐和戏剧音乐在技巧上、美学上以及影片的情绪上具有情感表现（emotional signifier）、连贯性（continuity）、叙事提示（narrative cueing）以及完整性（unity）功能。

1）情感表现

音乐可以催眠我们，使我们相信影片中虚构的世界，使所有似是而非的影片类型（如幻想曲（fantasy）、恐怖片（horror）、科幻片（science fiction））得以建构。在这些影片类型当中，音乐不只是支持银幕上真实的画面，更多的是使观众感受到看不见和听不到的表现人物精神和情感的过程。

2）连贯性

当声音或画面有间断的时候，音乐可以填补这个缺口。音乐通过使这类较为粗糙的地方变得连贯，隐藏了电影中技术层面的东西，以免观众出戏。当配上音乐时，空间上不连续的镜头也能保持一种连贯的感觉。

3）叙事提示

音乐可以帮助观众确定背景、人物以及叙事事件，让观众有一个特定的视角。通过给画面提供情绪阐释,音乐能够提示叙事,例如提示危险的到来或搞笑的场面。

4）叙事完整性

正如作曲有它自身的结构一样,音乐能通过运用重复、变奏、对位等手段使影片的形式统一,这也是对叙事的支持。

优秀电影配乐的反讽是那种不想被听出来,或至少不是有意让观众听出来的音乐,通常对于作为主要叙事载体(narrative vehicle)的语言和画面来说是为了保持从属的关系。如果音乐不太合适或夸张,以致吸引了观众的注意力,那么此时音乐很可能从叙事情节上吸引了人的注意力。如果音乐太复杂或不合适,那么音乐可能会失去情绪表现的功能,从而起不到强化故事的心理效果。音乐的目的是联系场景中的感情,引导观众的共鸣或认同。

（1）标题性的音乐(programmatic music)：这种特殊形式的音乐用于表现某些故事当中的情节或事件,在与视觉形象紧密结合时会被称为"米老鼠式音乐"。一个典型的例子是罗伯特朱丹(Robert Jourdain)做了大量的研究《粉红豹》(Pink Panther)的主题音乐,就像猫轻轻地往上爬,然后下来,然后再往上爬一样。音乐节奏和动物的动作节奏一样,根据身上的紧张和放松来调整和声,同时,旋律也跟随着身体动作。通常,对于戏剧性电影来说标题性音乐被认为是老套的,但对于喜剧片来说效果相当不错。

（2）情绪音乐(anempathetic music)：大多数电影的音乐都是伴随画面上人物的情绪进行的,情绪音乐有意采取与发生的戏剧世界和感情无关的立场。当音乐与所发生的事情无关时,反讽能够形成一种强烈的对位,让观众更深刻地理解所发生的事情。这种情况能够产生强烈的效果,当表现大悲剧或大灾难时使用喜庆的音乐形成对位,只会让观众跟受害者靠得更近。

2. 声画关系

1）音画同步

音画同步是声画关系的基础。影像和音乐经过整合,目的是让它们同时被观众看到和听到。影像和音乐的整合有 3 个方面：画面和声音结合；音乐情绪和画面情绪结合；音乐节奏和画面节奏结合。然而在大多数情况下,声音和画面是不需要绝对同步的,如远处飞驰的汽车、画面外人物的对白等。但是,如果演员面对镜头,他的口型就必须和音轨完全吻合,任何小的差错都是不允许的。

89

为了增强剧情的感染力,声音通常要跟它的视觉拍档同步,以形成虚拟世界的真实。"看见一只狗,听见一只狗"的行话是指听到我们说看到的东西,形成一种冗余,这种冗余是我们日常生活的正常组成部分。

从这种声画关联解脱出来,可以让狗在画外叫,形成一种环境感,比方说附近地区正遭受攻击。这种弹性给声音设计师一种自由来阐释这种场景,与仅仅跟画面同步相比,这种自由让声音设计师可以给观众提供更多的内涵。更极端的措施是把狗的叫声与非预期画面同步。如果人物正在以夸张的嘴巴动作发牢骚,但我们听到狗叫声,而不是跟他的口型同步的语言,这会产生一种很奇怪的效果,或许是滑稽的效果,也可能是很吓人的效果。雅克·塔蒂在《我的舅舅》(Mon Oncle)里运用了这种手法,用乒乓球的声音替换脚步声。

2)音画对位

音画对位有两类,即音画并行和音画对立。

音画并行指声音不是简单地解释画面内容,而是以自身独特的表现方式从整体上揭示影片的中心思想和人物情绪。如意大利影片《罗马11时》中的一段:"二战"后处于经济危机的意大利,失业人口众多,找到一份工作非常难得。众多的应试者从门口一直沿着楼梯排到楼下的大厅里等待面试。一个姑娘被叫进去面试,不一会儿,门里面传出来缓慢的打字声,很明显是一个生手,大家都显露出轻松的神色。果然一会儿,神情沮丧的面试者走了出来。当第二位面试者进去后,传出快得像机枪扫射一般的打字声时,门外的其他应试者都变得极为紧张。影片从听觉角度为观众提供相关的潜台词,从而在同等的时间加大了影像的信息量。

3)音画对立

音画对立是指导演和编导有意识地让画面和音乐在节奏、气氛、情绪以及内容上互相对立,形成强烈的对比反差,从而达到想要表现的目的。例如,将街市的乞丐行乞的画面和身后酒楼里猜拳行令的声音放在一起,两者形成了鲜明的对比和反差;故事片《黄土地》(图 2-78)里的一场婚礼中,热闹的腰鼓迎亲场面和孤单的新娘形成声音和画面含义的强烈对比冲突,借此表现出这个不幸的婚姻给新娘带来的凄惨和悲伤,造成了尖锐的冲突,加深了观众的印象,同时引起人们对社会的思考和反省。

图 2-78　《黄土地》剧照

3.1　游戏平台视听语言

　　游戏设计领域可以说是一项分工相当专业、细致的行业,一款叫座、口碑又好的优质游戏一定是富有专业人才的团队完成的结晶。除考虑玩家的反馈意见以及游戏剧本来丰富题材外,更重要的是对游戏设计的视听语言中的美术、剧本、镜头、转场进行设计。不仅如此,在当今数据网络化的时代,还必须联合程序设计人员、数据库管理人员、网络专家的配合,只有这样才有可能开发创作出一款口碑佳、质量高的游戏设计。

　　那么如何为游戏设计绚丽的视听语言、良好的基础规则、巧妙的剧情故事安排、华丽的效果设计、理念与现实实施的互补,令玩家体验时在短时间内一睹游戏设计之美呢?

　　游戏的产生一直就与影像的发展有着不可逆的相互渗透、彼此借鉴的关系。影像中的后期特效、CG 动画等一系列视听语言与游戏设计中的片头、特效等有着取长补短、互通有无、相互取长补短的作用。可以说,自从游戏产生,设计师就力求将游戏以电影的水准进行创作与制作。无论是电影的镜头概念还是蒙太奇的使用都渗透到了游戏之中。

　　随着三维技术的出现,在二维画面上不能完成的复杂的镜头变化开始运用到游戏中,例如摇镜头、跟踪镜头等。游戏中的镜头是虚拟的,不会受机位影响,因此无论是闪转腾挪还是静如处子都可以通过视角的变化得以实现。影像视听语言中,经常在电影中运用的特写镜头往往被大量地引用在游戏平台的设计中,帮助游戏营造出特殊的视觉效果,给玩家带来视觉上的震撼感受,所以影像的视听语言在数字游戏设计方面发挥着得天独厚的优化作用。

游戏的导演们可以拥有无限的摄影机机位,他们可以随意移动机位、改变视角,把现实无法实现的效果展示在屏幕上,电影也从这种新的视角理念中汲取了创作灵感。游戏自身的视听语言中镜头的随意切换、画面选择的变换、菜单选择的交互转换、战斗场景的交换都是游戏设计平台中独有的剪辑方式,将影像蒙太奇概念成功地渗透到游戏平台当中,连续不断地更迭闪回场面,能够交代出游戏设计视觉中具有强大冲击力的特征。

在游戏设计艺术中,创作者通过分析、选择、提炼生活中的素材并加以艺术处理,创造出与画面内容、动作、情绪相符或具有特殊含义的声音形象,成为角色形象的组成部分。在游戏平台中,听觉可以从语言、音乐、音效 3 个方面表现,而语言可以从主观语言和客观语言进行分析。多媒体技术出现以后,声音才算是真正进入游戏。在游戏中通常以过场动画的形式叙述角色之间的对话,表现人物个性,展开故事情节。游戏通过背景音乐的配合,充分烘托出其特点。一首和画面、布景相配的音乐可以使游戏提升一个层次与高度。画面需要与音乐配合得相得益彰,画面与音乐是决定游戏设计最重要的两个因素。例如游戏《仙剑奇侠传》系列的片头(图 3-1),悠扬的乐曲随着画面的出现而配合,随即勾勒出一种清幽高雅的意境,无论是游戏玩家还是观者都产生了愉悦之情,表现出游戏设计平台中视听语言的冲击对游戏设计的重要性。

图 3-1 游戏《仙剑奇侠传》截图

3.2 动画视听语言

卡通片是指一种由报纸连载的多个漫画转化成的动画形式。《电影艺术词典》对于"卡通片"的解释是"以绘画形式作为人物造型和环境空间造型的主要手段,采用逐格拍摄的方法,把绘制的人物动作逐一拍摄下来而形成的活动的影像。"动画片。国际上使用的专有名词是动画片、木偶片、剪纸片,等等。目前,国际上比较通用的对动画电影的界定是国际动画组织(ASIFA)于1980年在南斯拉夫的萨克勒布会议中所下的定义:"除真实动作或方法外,使用各种技术创作的活动影像,即以人工的方式创造的动态影像。"从狭义上讲,动画电影与"剧场版"动画片不同,动画电影特指以动画制作的电影,即胶片摄影机以每秒24格的速度逐格拍摄并放映出来的电影,它与故事片、新闻纪录片、科学教育片合称电影的四大片种。

动画电影与电影具有相同的本质,电影是以每秒24幅的速度拍摄并播放画面。真正区别动画电影与电影的关键并不在于它们的表现形式,而是在于它们的拍摄方式。在计算机参与动画制作之前,无论是手绘动画还是定格动画都是采用逐格拍摄技术加以实现。

电影影像具有近百年的历史,电影自身的视听语言对影视动画的视听语言起到了相互促进、影响的效果。"视听语言是构成影片风格的主要因素,不同的导演由于地域、文化的差异所使用的视听语言也有不同,最终创造出风格各异的影片风格。"可以说,影像与动画在人类视与听的交流过程中起到了工具的作用,从中形成的语言被称为视听语言。虽然在视听语言方面影视动画看起来与影像相同,但它们有各自的特点。

早在1946年,著名的法国电影理论家安德烈·巴赞就写道:"今天拍一部电影,就是以一种清楚的和通体透明的语言来叙述一个故事……现代导演的风格是运用已被完全掌握地像自来水笔那样听话的表现手法的结果。"从本质上来说,动画即动画形式的影视艺术门类,它与"电影"是同源的,具备一般影视所具有的一切视听表现。

具有鲜明中国特色的经典水墨动画短片《小蝌蚪找妈妈》(图3-2)则表现出动画的灵动之美。此类动画吸取了传统绘画、民间艺术、地方风俗等诸多艺术形式,汲取了丰富的营养,形成了鲜明、符号性、意境深远、质朴简洁的风格,尽管形成了浓郁的中国印迹的味道,但并不影响此类动画走向国际化的脚步。

灵动的影视动画还表现在具有强烈的假定性上,动画电影与真实扮演有着截然不同的区别。影像在摄影机下最大程度地还原真实,动画电影则更接近于绘画。近些年随着计算机的发展以及合成技术的成熟,动画在灵活的假定性的特征下表现得更加自然与和谐。

随着科技的飞速发展,计算机辅助动画制作技术改变了传统动画的制作方式,三维动画技术的诞生开创了一种崭新的动画制作方式。

图 3-2 《小蝌蚪找妈妈》剧照

3.3 影视广告视听语言

影视广告作为广告学与影视学的交叉学科,表达手法与技巧大多是利用影视的技巧达到创作的目的。例如对创意的呈现以及对故事的叙述,等等。

无论是影视广告视听语言还是影视动画视听语言,或者新崛起的网络传媒视听语言,都无法与影视视听语言割裂开来,都是在影视视听语言的基础上的发展、创新与突破。可以说,影视广告是最精炼的影视叙事形态。这种叙事离不开声音,声音是对画面的补充与延伸。影视广告的视听在具有广告的商业性的同时也具有影视艺术的艺术性与审美性。

3.3.1 影视广告结构的开放性

1. 结构上的开放性

与影视作品的关联性不同,影视广告在结构上具有开放性的特点。尽管影视广告会采用情节式、片段式、悬念式等形式达到诱导观众、隐藏广告动机的目的,但是影视广告的传播导向是让大众记住广告信息,使效果最大化,因此创作者会尽可能地通过立体式全方位地在短时间内打破受众视觉与听觉惰性,从而接收其传达的信息,进而不按照常规意义上的线性逻辑,呈现开放性特点。

结构上的开放性又表现在时间与空间两个方面。在时间方面,尽管影视广告受到了时间长度的限制,但要在短时间内完成对故事的创意的表现也不是不能达到的。例如将广告的古今并列,将木乃伊与生发水广告结合,运用夸张表现方法,使木乃伊奇迹般地长出黑发,这样体现了时间的开放性的特征。在空间方面,影视广告中的空间并不是一种相互连接的完整空间,它在空间的运用上通常采用"空间构成"的方式,将看似无关联的空间相互并列,创作出新的意境。例如在央视 2015 年春节联欢晚会的《家和万事兴》(图 3-3)的宣传广告中,分别采用若干个空间,看似毫无联系的空间构成形成了一种相互并列的关系。

图 3-3 《家和万事兴》的宣传广告

2. 空间上的开放性

空间不能构成一个完整的空间,它们之间也没有必然的关联性,是一种相互并列的关系,但在创作者眼里,却变成了表现创意主题的必要画面。

3. 逻辑上的开放性

影视作品常常以叙事为核心,因而叙事蒙太奇占据主导地位,注重镜头间的逻辑关系,务必把一件事的来龙去脉、前因后果交代清楚。它的叙事模式通常是"主角遭难→主角寻求援助→主角被英雄救助→皆大欢喜"。影视广告在内核上借鉴了这种模式,只是最后又加上一条——亮出门户。这里的"英雄",在影视广告中当然就变成了产品,这与影视作品中"英雄"的出现有前后铺垫的情况不同,影视广告中的"英雄"肯定是不请自来,而且功力强大、神出鬼没,都有无人能敌的杀手锏。这样的广告比比皆是,因此,在需要商品登场时,广告会打破线性逻辑,生硬地插入。

3.3.2　影视广告的视觉跳跃性

由于影视广告必须注重视觉的瞬间效果,因此不同于时间上的连续与空间上的完整,更加讲究的是画面之间存在着巨大的跳跃。即使是情节式的广告,也只是用截取片段的形式予以呈现,而不顾及"发展→高潮→结局"这一基本的情节冲突模式。即便采用情节的顺序为主要线索,影视广告的镜头仍然会采用对比、夸张、比喻等手法,使镜头间的关系呈现出一种并列的关系,而不是层层递进的关系。

一部影片作品或电视作品,对于观众来讲,也许只有一次欣赏的机会,而影视广告会通过不同的时段、不同的频道给观众以千百次的"视听轰炸",从而达到宣传品牌效果的目的。好的广告导演应运用这种特征,构筑其作品,创作出观赏性强、信息量大、视听语言具有跳跃性的广告作品。

影视广告中常规的空间关系轴线常被忽略,蒙太奇剪辑中对时间与空间的连接补偿则被打破。在常规蒙太奇理论中,时间与空间中的一个元素趋于活跃时,另一个元素趋于稳定。但在影视广告中角色的时空转化完全可以不顾时空的补偿,时空趋于活跃,只有人物保持着稳定,这也是影视广告视觉具有跳跃性的生动再现。

影视广告由于直接面对消费者,以消费者的诉求对象为目的,所以在拍摄过程中摄影机本身所具有的性质大量采用特写、固定镜头,这样使得在时间、空间上是破碎的。

3.3.3　影视广告的数字技术化

影视技术的发展与现代科学技术的发展密不可分。随着计算机技术的发展,现代影视广告在应用计算机数字技术方面达到了登峰造极的程度,可以毫不夸张地说,没有数字技术就没有现代的影视广告。

数字技术已和摄影机一样成为影片制作的基本手段,它极大地增强了电影影像的冲击力,使影片具有新、奇、特的视听效果和意境。在当今,快速剪接、强烈色彩的几何造型、亦真亦幻的计算机合成影像、重叠的图案、多样化的信息、夸张的视觉、后现代的影像风格等被大量运用到现代影视广告的制作中。

Flash 动画在电视上出现已不是什么新鲜的事情了,它不再是网络广告的代名词,而是进入到影视广告、MTV、节目片头等制作领域被广泛使用,甚至还出现了像《快乐驿站》这样纯 Flash 制作的栏目。广告主和影视广告制作者迎合新生代们的眼球,将 Flash 动感的效果、夸张强烈的色彩融入广告产品制作中,成为众多实拍广告中一道独特的风景线,而这一切都是借助于数字技术才得以实现的。现在,Flash 动画、3D 动画在影视广告中被广泛使用。

数字技术还给影视广告导演们带来了全新的数字剪辑方式,非线性编辑系统、AE 特效等的广泛使用使一切变为可能,新生代的广告受众喜欢快节奏的影像表达,这种快节奏的广告不着重叙事,形式大于一切,吸收了劲歌劲舞的 MTV 影像表述方式,加上动画元素,尽量在短时间内剪接更多的镜头,也许 15 秒内就包含了几十个甚至上百个镜头。影视广告制作者利用快节奏包装着所有商业诉求元素,力求给受众一个强烈的视听冲击。

值得一提的是,由于影视广告视觉要素有图像和字幕两种形态,所以字幕的处理是影视广告的一大特色。影视广告字幕是指画面中以文字形式出现的信息。字幕具有强化创意主题、强调商品品牌、参与画面构图、美化视觉等效果,而这些特技效果都与数字技术密不可分。

3.4 交互平台设计视听语言

随着时代的发展,以计算机和因特网为代表的信息科技给人类的生活带来了巨大的改变,多媒体技术的应用也以一种不可抗拒的影响力渗透到了社会的各行各业。数字媒体技术以数字化为基础,能够对多种媒体信息进行采集、加工处理、存储和传递,并能使各种媒体信息建立起有机的逻辑联系,成为一种具有良好交互性的系统技术。

在网页交互方面,Flash 的出现使网页交互拥有了一个新平台,它简单易学、成本低,带给设计者许多新思路和新视角。网页画面设计是多种元素的融合,许多国外网站善于将平面元素与摄影结合在一起,效果既真实又有设计感。

数字化新媒体在生活中的实际应用,被应用得最广泛、最大程度地改变人们生活习惯的,应该是互联网等新科技产品。我们在使用网络、浏览网站、在网上消费产品或使用各种服务时,这种使用过程实际上就是一种交互体验。网络化和各种交互技术的发展让人们对交互的体验越来越重视,各种新型交互方式和交互媒体也越来越多,从而促进了新媒体领域的发展。

交互设计的意义在于使人与产品的信息交流方式更具有合理性、智能性、科学性,从而达到人与物之间更便捷、更可靠的信息传达,减轻体验者的生理与心理负担。交互设计结合人机工程学、心理学及美学等学科的知识,运用其学科的科学成果和研究方法为人机对话创造出最和谐的关系。

交互媒体设备也成了数字媒体影像大力发展的新平台,如计算机、手机、游戏机等。这些多媒体交互平台具备将数字信号具象化的功能,在它们的屏幕上可以展现各种类型的数字媒体影像,并且通过与人类互动交流,使得传统被动接受式的活动影像具备了可以获得反馈的互动能力。例如操作感极强的数字媒体游戏。任天堂公司的游戏主机 Wii 和它的动作遥控器完全根据使用者的动作进行操纵,这种动作不再是手指的简单移动和点击,而是要运用全身动作与动势,调用人的肢体,使交互过程更加丰富和有趣。

在界面设计中充分运用图形取代大量文字的表达,增加运动的画面,使人在产品及计算机向人显示其功能特性的交互关系中达到最大效率的可能。也就是说,通过界面的设计必须使得在原来复杂且功能不变的前提下操作更加容易,运用大量表达、认识、声音、运动、图像和文字等传递信息并感知信息。正如莫尔恩·考第尔所说的"交流的责任被决定性地赋予计算机而不是人类,不是用户必须去学习计算机提供的界面,而是计算机必须满足用户的偏爱。"

自从交互设计以其界面形成发展至今,就被认为隶属于平面设计领域,平面设计着重强调图像及文本等的空间布局,所以,把界面设计也和视觉传达设计联系在一起。形成此结果的原因之一是在界面的开发设计过程中视觉化的设计工作者与开发的末端团队相配合所形成的醒目的图标、拟物的对话框等。虽然这些是重要的设计因素,但它们只是界面设计的一部分。例如搜狗地图 APP 界面(图 3-4)中的 POI 的查询页面,单击"身边"按钮进入查询页时,原所在页面会添加蒙层效果,强化了当前弹窗页面。在查询结果页中,为方便用户单击,增大了底栏的滑动单击区域,与整个屏幕等长,强化了扁平化的设计风格。

虽然平面设计只是界面设计的一个环节,但它在软件领域中能够吸引更多人的注意力。部分原因是图形界面不断增长的图标和对话框的需要,更多的原因来自于多媒体。与此同时,传统的软件设计因为受到受众的需求限制自然而然地会满足图标以及

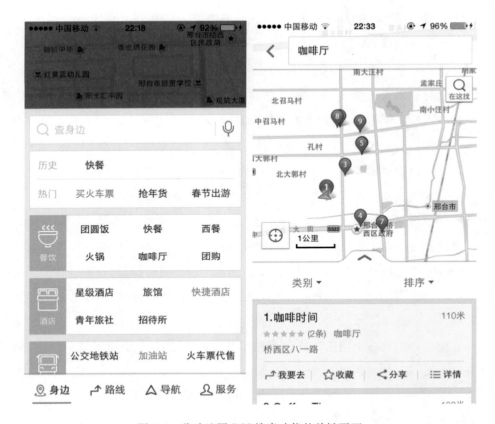

图 3-4　移动地图 POI 搜索功能的关键页面

对话框的设计需求,将平面设计的极简风格运用到交互设计领域。

　　根据交互指令改变数字媒体影像,无疑给使用者带来了更大的乐趣。或许使用者面对的仅仅是几英寸的狭小屏幕,然而互动媒体的可操作性和交互性能给使用者一种满足的代入感,从而沉浸其中。

第4章 数字媒体影像的剪辑

▶▶▶

影视界有一句话"电影是剪辑台上的技术",这话颇有道理,我们可以把剪辑称为"电影艺术创作过程中的最后一次再创作"。

4.1 剪 辑 概 述

剪辑是电影、电视艺术的重要组成部分,它推动了电影、电视的发展和成熟。剪辑是随着电影艺术的发展而产生的,运用剪辑手法可以把若干个电影画面组接起来,构成一个完整的戏剧性场面,这就是我们所说的蒙太奇段落。在影片后期制作中,最重要的也是最关键的一个环节就是影视剪辑。剪辑工作属于影视片生产制作中的第三度创作。剪辑是将分镜头所拍摄的原始素材画面和收录的原始素材声音作为创作基础,结合已透彻理解的文学剧本内容,全面把握导演总的创作意图与特殊要求,并进行蒙太奇形象的再塑造。剪辑具有对影片的结构、语句、节奏的调整以及增删、修饰、弥补和创新的职责。

从某种意义上说,剪辑和蒙太奇是近义词,但却不是同一个概念。蒙太奇是影视语言的结构法则和思维方式,是贯穿整个影视创作阶段的方法;而剪辑只是在片尾工作时遵循蒙太奇的原则完成组接作用。影视剪辑是指将一部片子所拍摄的大量素材经过取舍、组接编成一个思想明确、结构严谨、连贯、流畅、富于艺术感染力的作品,是对影视拍摄的一次再创作,也是蒙太奇形象的再塑造定型工作。

4.1.1 传统剪辑

电影诞生之初,剪辑是真正意义上的"剪"和"辑"(也就是接),靠的是影视剪辑师或导演亲自将整段胶片剪开,再用胶水粘上,这就是最原始的剪辑。技术的发展使剪辑工作从纯手工的粘剪变成半机械的手法。拍摄完成后,先将原素材进行复制,制作工作样片,再以这套工作样片作为介质进行后期制作和剪辑等。手摇四联套片机就是剪辑机的一种。它通过手摇的方式播放画面,凭借剪辑师手上的感觉使机器的摇动速度大致达到每秒钟24幅画面,若找到需要剪接的地方就停下来,手工进行剪接。重要的是,每个镜头剪接点附近被剪掉的胶片也要保存,以备修改剪接点时找出来使用。每本胶片大约播放十分钟,在这种手摇四联套片机上每次只能使用一本胶片。当一本胶片剪辑完成后,需要倒回来,再换下一本。这种原始的剪辑方法给剪接点的修改造成了极大的困难,同时也对较复杂的、艺术化的剪辑手法的发展形成了阻碍。随后的"斯坦贝克"编辑机解决了手摇速度不稳定的问题,用电力驱动机器转动,以控制速度,但是并没有从根本上解决剪辑的本本问题,线性的方式依然对剪接点的修改和复杂的剪辑手法形成了限制。

传统的影视作品的剪辑分为3个层面,即作为镜头与镜头连接的剪辑、蒙太奇段落的剪辑以及影视作品构架的剪辑。在数字化的今天,剪辑的第4个层面——像素剪辑随之成为剪辑技术的新突破,是数字化的解构带来的剪辑的新层面。作为镜头与镜头间的剪辑,首要任务就是要做到流畅,也就是镜头表达的连贯性,通过上、下镜头间的逻辑联系满足观者,使其过渡平稳、流畅,没有跳动感,让观者意识不到剪辑的存在。在传统的剪辑中,镜头是一部影视作品创作的基本单位。从开机到关机所拍摄的连续内容称为一个镜头,在播放影片的时候,由画格连续地播放所构成的连贯的画面,我们也称之为镜头画面。常见的剪辑主要有人物对话的剪辑和动作剪辑。人物对话的剪辑通常称为正反打镜头,拍摄通常会选择两个机位,拍摄两个正在对话的主体,并且这两个摄像机要在轴线的同一侧,以避免画面方向错乱。通常先通过两个过肩镜头交代两人关系,再由面部特写等镜头连接,同时声音前置以制造画面场景的融合。关于动作的剪辑,通常是把一个动作拆分为二到三个不同景别、不同角度的镜头,在每一个动作的停顿处剪开。一般是动作的上一部分停止的最后一帧接下一部分动作开始的第一帧。由于数字技术并未对传统的对话剪辑和动作剪辑带来更多的革新,所以这里不一一举例论述。

数字技术以及非线性编辑的发展为剪辑提供了更多艺术创造的可能和便利的条件,使得叙事手段呈现复杂化和多样化,因此创造性的剪辑(例如跳切、省略、抽帧插帧、拼剪、挖剪等)手法也被剪辑师大量地应用到了当代的影视作品当中,更加丰富了镜头语言、语法。同时由于创造性剪辑的多样性,剪接点的选择也会有革命性的变化,直接影响到剪辑的质量和观看的效果,也是作品节奏和观众情绪的"温度计"。

4.1.2 非线性编辑

非线性编辑的发展是对影视作品的剪辑手法技术化的革命性标识。将拍摄的胶片进行数字化扫描,使用计算机技术进行编辑,从根本上解决了剪接点修改等问题。

剪辑的非线性编辑的出现是由于叙事碎片化的趋势造成的。追究其根本,是因为人类的思考过程和情绪甚至是梦境的碎片化。通过碎片化的、多样性的视听语言来表达人类情绪中不完整的、断断续续的思维的蒙太奇。

非线性的产生是由于人类存在内在的非线性化叙事要求。在古典小说、戏剧的创作中,"花开两朵各表一枝"的叙事手法是最原始的非线性方法,从根本上对影视作品的非线性编辑提出了要求。当线性编辑的介质——磁带的物理特性无法满足人类的技术需要时,使得新的技术产生了。应用了数字技术的非线性编辑使人类非线性创作或非线性叙事的想法达成。

非线性编辑系统对当代影视的发展起到至关重要的作用。由于基于非线性编辑的技术平台,使得剪辑这项后期制作的关键环节有了更多艺术创造的可能。非线性编辑是相对于传统的线性编辑而言的,由于实现了数字技术,在计算机上对数字化素材进行编辑,从而在技术上打破了传统的以时间顺序编辑的模式,使得剪辑作业和后期制作的实现有了更加便利的条件,也为剪辑的艺术创作提供了广阔的技术空间。

传统的线性编辑技术,顾名思义,就是不打破影片的时间顺序,将所拍摄的胶片通过真正意义上的剪切、粘贴进行连接,这是剪辑最初的形式。随着技术的发展,线性编辑有了新的模式,实现了在编辑机上进行剪辑的技术。影视作品的剪辑,先是通过"胶转磁"的过程将所拍摄的胶片素材转换成磁信号并保存到磁带上,之后再进入剪辑等后期编辑过程,用来确定胶片长度和画格位置(称为片边码),通过"胶转磁"后,这个胶片上的码数与磁带的码数相对应,直到剪辑完成。

手摇四联套片机是早期影视剪辑常用的设备,顾名思义,就是通过手摇的方式在编辑机上进行素材的查找和编辑。之后"斯坦贝克"编辑机的出现使得编辑过程不用手摇了,可以由电力带动,但是这些都属于线性的编辑方式,它们共同的缺点就是修改剪接点困难。由于编辑过程是按照时间顺序进行的,所以只能剪完前面的再剪后面的,等到后面的剪完了,若发现素材有新的问题,再想返回去找到之前的剪接点需要很大的工作量。由于这种繁杂的剪辑过程以及修改的困难,使得早期的影视剪辑技法单一、叙事模式简单化,以至于影响了影视创作人员的艺术思维和创作热情。

虽然早期的影视制作中有些手法已经具有非线性编辑的特点,但真正基于硬盘数字的非线性编辑始于1988年,最初只是在电视节目的编辑中应用,后来逐渐在电影制作行业取代传统的线性编辑。

由于非线性编辑系统的存储介质是硬盘,通过数字化处理后,将所拍摄的素材以帧的形式存储于硬盘中,并且编辑过程的时间顺序并不影响其物理位置,创作的状态由原先的不可逆到现在可以任意更改和复制。后期制作的流程也随之改变,由胶片、胶转磁再到计算机采集素材,影片的声画分离、声画同步。剪辑的过程也变成了先粗剪叙事的架构,再精剪完成细节的调整。后期的字幕制作也变得更加容易。因此,对数字化处理后的素材进行剪辑、调色等后期制作可以不按照时间顺序进行,更多的可以依照作品的叙事思维和艺术构想制作。此外,大多数非线性编辑软件均带有常用的特技,例如淡入、淡出、叠化、升格等。这种形式的编辑给影视制作者们提供了广阔的思维空间,使得叙事内容更有条理、叙事创意更具戏剧性。

4.1.3　剪辑的流程

从镜头到场景、段落、完成片的组接往往要经过选材、初剪、复剪、精剪、综合剪、合成等步骤。选材是把导演选中的那些场面的镜头、音响的声带及同期录音拍摄的场面连接起来,然后按照剧本的顺序把所有的场面和音响集合在一起,制作出工作样片。初剪一般是根据分镜头剧本,依照镜头的顺序、人物的动作对话等将镜头连接起来。复剪一般是进行细致的剪辑和修正,使人物的语言、动作,影片的结构、节奏接近定型。精剪是在反复推敲的基础上再一次进行准确、细致的修正,精心的处理,使语言双片定稿。综合剪是最后的创作阶段,对构成影片的有关因素进行综合性剪辑和总体的调节,直到最后形成一部完整的影片,通常由导演和摄制组主创人员共同来完成。在电影开拍之前,电影剪辑人员通常要把材料凑成剪辑初稿,其目的是要达到一种能被人理解并且比较流畅的分镜头。合成是最后剪辑师为影像添加主要的辅助元素解说和画外音声带、音响效果、音乐,并加上特殊效果,按剪辑好的工作样片制作出最后的合成片。

4.1.4　常用剪辑软件简介

　　大型软件在制作高清晰度电影、HDTV 时的高效和快捷无疑是令人叹服的，但是其高昂的价格往往让人望而生畏。对于一些相对简单的视频编辑任务，例如普通电视剧和电视栏目的剪辑以及片头或广告的制作，以 Final Cut（图 4-1）、Adobe Premiere（图 4-2）为代表的非线性编辑软件因低廉的价格和专业的效果使得它们在这些领域占有举足轻重的地位。

图 4-1　Final Cut 界面

图 4-2　Adobe Premiere 界面

第4章　数字媒体影像的剪辑

4.2 剪 辑 模 式

从《一个国家的诞生》到好莱坞经典影片《教父》,再到《贫民窟的百万富翁》《疯狂的石头》《罗拉快跑》,我们可以看到,叙事的方式从经典的线性叙事到非线性叙事(包括环形叙事、重复性叙事、乱线性叙事等)再到反叙事性的跳切、省略、平行剪辑、交叉剪辑等方式的应用进化,构建了更为复杂的时空,使得叙事的碎片化得到重组,形成了影视作品的立体式构架,有着信息量大、节奏鲜明、风格独特、影像变化丰富等特点,更加突出作品所构建的人物的心理,表现更为复杂的人物性格,同时带动了观者的情绪。

4.2.1 常规叙事性剪辑

叙事剪辑的特点是将一个事件讲述清楚,并且在一个蒙太奇段落中做到流畅、连贯和平稳。马塞尔·马尔丹在《电影语言》中有过比较权威的论述:"所谓叙事蒙太奇,是蒙太奇最简单、最直接的表现,意味着将许多镜头按逻辑或时间顺序纂集在一起,这些镜头中的每一个镜头自身都含有一种事态性内容,其作用是以戏剧角度(即戏剧元素在一种因果关系下展示)和心理角度(观念对戏剧的理解)去推动剧情的发展……叙事蒙太奇的作用便在于叙述一段剧情,展示一系列事件。"叙事剪辑从格里菲斯创立分镜头拍摄以来并未有过实质性的发展,只是随着叙事手法的更迭服务于叙事,因此这里仅简略讲述,并不做深入研究。

4.2.2 平行剪辑

尽管影像摄影机和仪器一样复杂,并且要有专门的知识才能使用,但对于电影创作者来说,它只是一种记录的机械,就像作家的笔和打字机一样。只要有一个得力的摄制组,就能掌握一架摄影机。对于电影制作者来说,更重要的是处理主题思想和构思的能力。

影像平行剪辑是电影语言中最经常使用的形式之一,它用来清楚地表现两条情节线的冲突和联系,从一个注意中心交替转换到另一个注意中心。这种技巧非常普通,以至于在每部影片中出现时观众都认为是理所当然的。在银幕上可以用这种方法来表现对比性的行为。在纪录电影形式里有意识地将若干事件以平行的形式剪辑起来,很容易获得出色的形象联想,例如几个运动员在不同的运动项目中准备进行比赛,比赛开始了,有些参加者失败了。在这个行为的 3 个不同阶段拍摄同一批运动员,并在各阶段把他们相互交替地表现出来，就可以获得一种电影所特有的时间、空间关系。

平行蒙太奇又称为并列蒙太奇，用于表现同一时间在不同时空发生的事件，或同时发生的几条情节线索的组接。这是结构上的分叙方式，使这些事件能够平行展开，但又能合理且完整地统一在故事结构情节中；或是想要表达揭示同一个主题或故事情节所进行的两个或两个以上事件的相互穿插。这些若干的事件、情节线索通过几个同时同地或是同时异地甚至是不同时空进行表现。平行蒙太奇的理论相对应用广泛，首先在于它对剧情的灵活处理，既可以通过删减过程节省篇幅，还可以适当增加篇幅来扩充影片的信息量，用来强化影像剧情的节奏及视听上的效果；其次，根据此表现手法通过几条故事线索平行地表现相互作用，形成对比，易于产生强烈的艺术感染效果。平行蒙太奇提供了时空转换的可能性，叙事节奏更为活泼，方便了创作者自由叙事的可能。运用此理念最成熟的是悬念蒙太奇大师。例如 2013 年动画片《纸人》（图 4-3）中，男、女主人公在纸飞机的引导下穿越城市的街道，镜头不断在两人之间切换，从街道到楼梯间再到火车站，相同的时间相似却又不同的空间，通过交叉剪辑在画面上形成独特的节奏感，最终男、女主人公在火车站相遇，温馨的结尾使影片气氛高涨。

图 4-3　动画片《纸人》剧照

图 4-3 （续）

4.2.3 连续剪辑

连续剪辑简单来说就是以某一动作为依据,在保证动作连续性的基础上连接剪辑镜头。例如女子上班的一段戏可以分为 5 个镜头,即锁门、进电梯、走出公寓、开车门、马路上行驶、进入办公大楼。这一段在剪辑时可以拍摄整个过程的大量素材,根据需要选择可用镜头剪成可能仅有十几秒的表达上班路途的影像。在这类剪辑中尤其要注意人物的方向问题,如果人物在画面中是从左到右为回家,那么这一部分的剪辑都要遵循这一规律来剪,如果剪辑中忽然插入一个人物在画面上从右到左移动的镜头就会给观众造成误会,以为是女子要返回家。鲁道夫·爱因汉姆在《电影作为一门艺术》中说:时间和空间的连续性并不存在,这是电影作为艺术的一个标志。一些特殊影像,比如一些公共场所里的监控摄像头拍摄的画面,时间和空间都连续了,我们却很难把它和艺术挂起钩。连续性剪辑的目的不是为了再现,而是选择。把剪辑替换为选择,连续性选择,也许更有助于理解这个概念:一个人推门进来,第一个镜头是手的特写,第二个是脚的特写,第三个是脸部的特写,然后是一个全景。这样的"选择"就注入了创作者的主观性,使受众感受到了青春的味道或者恐怖的气息。

4.2.4 表现性剪辑

表现性剪辑是在一个蒙太奇段落中用几个镜头或几组镜头来表现一个相对长的时间段,或是交代不同时空的相关事件的不同状态。例如表现一个男孩练习篮球很刻苦,三组不同角度、不同景别的镜头拍摄男孩上篮,以代表这个孩子一个下午都在练习上篮。

表现性剪辑通常是一种选择性的省略。对于电影这门高度浓缩的艺术,导演不可能将客观现实中的真实发生全部展现在荧幕上,这也是不可能办到的。所以将一系列相关的镜头进行组接,通过合理地取舍"力求再现一种符合逻辑的过程,使思路自然而然地从原因转向结果……事件由摄影机拍下后,经过分切、解析、再重新组合,事实不会完全丧失自己作为事实的本性,但是事实的本性却被包在了抽象的形式中"。对于这段描述,作者的本意是说蒙太奇,但是对于表现蒙太奇也同样适用,这种"抽象的形式"就是展现给观众的荧幕中的画面。电影是想象的艺术,在这个过程中,影片的制作者们(导演、剪辑师)将想象的任务交给了观众,通过象征与幻想对之实施重构,从而使意义得以延续。

我们来看《阿甘正传》,由于该片使用了插叙的叙事手法,在一部影片中表现一个人的一生,所以大量使用的表现剪辑可以起到浓缩时空的作用。在开篇16分钟时,影片表现了被一群坏孩子追赶的童年阿甘(图4-4),脚上绑着笨重的支架拼命地奔跑。先是正面拍骑车追赶中的坏孩子,使用了一个全景镜头,建立了人物关系,主体向镜头方向运动。因为构图的特点,使得骑车人在画面中显得速度并不快,压住了叙事的节奏。当拍到阿甘奔跑的镜头时,却使用了特写镜头,从侧面拍摄。由于这种景别和方位的拍摄能够更加突出速度感,与前一个镜头形成节奏的对比。通过几次正反切表现追逐后,镜头落在阿甘的腿上。通过这几个镜头的慢放处理、画外音的减弱,拉长了阿甘奔跑的时空,同时用特写的镜头拍摄阿甘腿上支架的散落过程,并且越跑越快,最终摆脱了坏孩子的追赶。这时几个连续的大全景镜头构建了阿甘的童年,先是阿甘穿越了草地和树丛,跑过了河边,之后跑上了公路,路过了儿时经常路过的理发店并引得老人们惊叹,最终跑到了珍妮家。通过这几个奔跑的镜头并伴随着画外音,交代了阿甘童年的生活方式——"从那时起,我去哪都是跑"。同样的表现手法也用在讲述阿甘与巴伯的军旅生活的叙事段落中。影片使用了一段巴伯与阿甘的对话(实际上只是巴伯在自言自语——捕虾和虾的各种吃法)作为画外音,完成了阿甘与巴伯两人关系建立

图 4-4 《阿甘正传》剧照 表现阿甘成长的长跑

的整个过程。这一段独白跨越了 3 个时间段,用 3 个镜头来表现(图 4-5),先是阿甘和巴伯以及同一部队的其他人在练习装卸枪支,镜头从阿甘的中景摇到巴伯。这时画外音不断,镜头切换到皮鞋的特写,摄影机从鞋子上摇,中景拍摄阿甘和巴伯在营房中擦皮鞋。伴随着画外音,巴伯的讲话仍在继续,镜头已经切换到了阿甘和巴伯擦地板的场景,最终完成了这一次的镜头表现。这一组表现剪辑的 3 个镜头虽然是在同一个环境中,但很明显,它们的发生并不连续,所选用的是具有代表性的军旅生活的片段,仅仅用了 3 个镜头就完成了阿甘和巴伯军旅生活的建立,将时间压缩到了不到一分钟的镜头画面中,同时将巴伯和虾紧密地联系在一起,也为后文中阿甘选择捕虾为职业做了铺垫。

图 4-5 《阿甘正传》剧照 起表现作用的剪辑(军营中的阿甘)

在影片 1 小时 45 分钟处,由于珍妮不辞而别,阿甘心情极为失落,这里的一组情绪剪辑表现了阿甘失落的心情(图 4-6)。第一个镜头使用中景拍摄熟睡中的阿甘,接着的下一个镜头是一个徽章(这个徽章是之前阿甘送给珍妮的)的特写,之后镜头从徽章摇到在房门口默默站立的阿甘。下一个镜头是中景拍摄空荡荡的床,摄影机缓慢运动,从物体(床)摇向了人物,并定格在失落的阿甘身上。这连续的 3 个镜头显然并不在一个连续的时空上,但这种相似的拍摄(从静物到人)的镜头连接却起到了压缩时空的作用,用简练的镜头语言表达了阿甘在珍妮走后很长一段时期内的失落情绪。

图 4-6 《阿甘正传》剧照 表现阿甘失落的镜头连接

4.2.5 心理剪辑

古典剪辑强调戏剧性,情调、情感不是简单的连续性。格里菲斯是古典剪辑的奠基人,他是第一个用特写情调心理效果的人。例如还是以女子下班为例,我们在原有的镜头中插入几个特写镜头,在开始插入一个接电话的特写,在下班开车时插入几个反复看手表的动作。这两个镜头的插入就改变了下班镜头的单一性,使情节更加戏剧化,说明女子今天下班还有一件更紧急的事情要处理,以至于开车时不停地看手表。这里呈现更多的细节让观众也进入主人公的状态,为主人公担心。古典剪辑的重点是为了强调戏剧点。比如有时为了突显观众的参与度,还可以在里面插入一些配角的反应。还是以女子下班为例,在女子看手表动作以后插入家里面儿子焦急的等待,不停地打电话催妈妈,然后再插入妈妈开车时脚踩油门等一系列动作,这样会使观众更加紧张。

4.2.6 情绪剪辑

1. 空镜头

所谓空镜头,是只有景物没有人物的镜头,又称景物镜头。空镜头是指影片中做自然景物或场面描写而不出现人物(主要指与剧情有关的人物)的镜头,例如画面上只有高山、流云、海浪、湖水、青松、雄鹰、鸳鸯等。其实空镜头并不空,而且有多种表现功能和艺术价值。

空镜头常用于介绍环境背景、交代时间和空间、抒发人物情绪、推进故事情节、表达作者态度,具有说明、暗示、象征、隐喻等功能,在影片中能够产生借物寓情、见景生情、情景交融、渲染意境、烘托气氛、引起联想等艺术效果,在荧幕的时空转换和调节影片节奏方面也有独特的作用。空镜头有写景和写物之分,前者又称"风景镜头",往往用全景或远景表现;后者又称"细节描写",一般采用近景或特写。空镜头的运用已不只是单纯地描写景物,而成为影片创作者将抒情手法与叙事手法相结合,加强影片艺术表现力的重要手段。

2. 杂耍蒙太奇

杂耍蒙太奇是在20世纪20年代由前苏联蒙太奇学派的代表人物谢尔盖·爱森斯坦从戏剧与电影创作实践中总结出的一种理论,是一种通过将一些具有强烈刺激和感染力的手段组合以影响观众情绪、使观众体会到创作者的思想为目的的电影语言。

事实上,萨杜尔认为从严格和最初的意义上看(1932年爱森斯坦的文章),杂耍蒙太奇意味着"自由地将随心所欲选用的、独立的镜头组接起来",也就是说,将许多不属于剧情本身的冲击性画面组接起来。

杂耍是一个特殊的时刻,其间一切元素都是为了促使把导演打算传达给观众的思想灌输到他们的意识中,使观众进入引起这一思想的精神状况或心理状态中,以造成情感的冲击。杂耍蒙太奇在内容上可以随意选择,不受原剧情约束,促使造成最终能说明主题的效果。与表现蒙太奇相比,这是一种更注重理性、更抽象的蒙太奇形式。为了表达某种抽象的理性观念,往往硬摇进某些与剧情完全不相干的镜头。

杂耍蒙太奇与表现蒙太奇相比更注重理性、更抽象。杂耍蒙太奇服务于创作者要向观众表达的思想观念,为了让观众接受创作者所要表达的某种抽象观念,可以剪接进去很多与剧情完全不相干的镜头,以影响观众的感情,造成心理上的冲击。因此,杂耍蒙太奇在内容上创作自由度高,不受原剧情的约束,可以根据所要表达的主题思想随意选择镜头内容。

例如爱森斯坦的《战舰波将金号》(图4-7)中著名的"敖德萨阶梯"一段运用了杂耍蒙太奇,既有画面的分解又有集中,既有全景又有特写,节奏快,让观众有窒息感,突出表现了沙皇军警屠杀民众的血腥暴行。

对于爱森斯坦来说,蒙太奇的重要性无论如何不限于造成艺术效果的特殊方式,而是表达意图的风格,传输思想的方式:通过两个镜头的撞击确立一个思想,一系列思想造成一种情感状态,然后借助这种被激发起来的情感使观众对导演打算传输给他们的思想产生共鸣。这样,观众不由自主地卷入这个过程中,心甘情愿地去附和这一过程的总的倾向、总的含义,这就是这位伟大导演的原则。

113

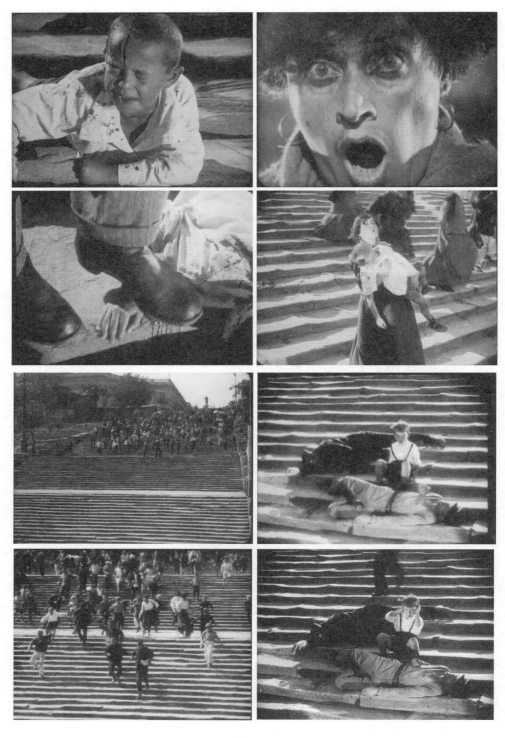

图 4-7 《战舰波将金号》剧照

图 4-7 （续）

1928 年以后，爱森斯坦进一步把杂耍蒙太奇推进为"电影辩证形式"，以视觉形象的象征性和内在含义的逻辑性为根本，忽略了被表现的内容，以至于陷入纯理论的迷津，同时也带来创作上的失误。后人充分理解且吸取了其教训，进而运用杂耍蒙太奇更加谨慎。

3. 两极镜头

两极镜头是指单体固定焦距镜头中的长焦距镜头与短焦距镜头，也指一个变焦镜头推至顶端的长焦距镜头和拉至最底端的短焦距镜头。两极镜头从景别上讲是全景、中景、近景、特写等不同景别中两极的全景和特写。

在影片《罗生门》中（图 4-8），通过两级镜头的剪辑来表现被摄人物的内心的变化、对周围环境的恐惧，以心理活动和内在的情绪变化为依据，使思想或情绪的演变顺畅自然，并进一步激发观众的共鸣。

按照情绪剪辑的要求，镜头剪接点并不以画面上的外部动作为依据，一般有以下几种可能：①外部动作已经结束或者没有外部动作，而镜头却随着情绪的延长而延长，镜头长度不够时补入写意镜头；②动作镜头比较长，组合单调乏味、节奏缓慢，删

图 4-8 《罗生门》中的两级镜头

除多余部分；③根据内在情绪连贯性连接。其含义是以人物的心理情绪为基础，根据人物情绪使其喜、怒、哀、乐等外在表情的表达过程选择剪接点。

4. 情绪剪辑点

情绪剪辑点是以角色的感情、情绪表达为基础，在情绪宣泄过程中选择的剪辑点。情绪剪辑点不同于动作剪辑受到角色外部动作的局限，人物的情绪、内心活动等镜头具有很强的写意和主观意向，因此在选择剪辑点时要遵循"宁长勿短"的原则，在剪辑时对延长镜头持续时间，体现感情的延展性，对人物情绪做夸张处理。一般有以下几个要点时需要抒情或写意镜头：没有外部动作或者动作已经结束，镜头根据情绪的延展而延长；画面中的动作冗长，缺乏节奏感时穿插进来，以丰富镜头节奏内在情绪存在的连贯性。总体而言，情绪剪辑点的选择与剪辑人员自身对影片、角色的理解是分不开的，需要剪辑人员根据自己的想法和理解来处理。

4.2.7 跳切

格里菲斯创立的蒙太奇以及分镜头的拍摄法使电影真正成为一门艺术，法国新浪潮的领军人物戈达尔又将这门艺术推进了一步，使电影的发展真正进入现代时期。在戈达尔的影片《筋疲力尽》中，跳切的手法首次被应用到影片中，利用同景别、同角度的镜头拍摄同一个主题，表现年轻人内心狂躁的情绪。

跳切是无技巧剪辑的一种，就是不采用任何方式(包括淡入、淡出、显隐等"特技")将两个同景别、同主体、同构图的镜头连接在一起，而且表达一段连续的叙事，颠覆了传统剪辑镜头间流畅、连贯的原则，制造了跳动感，同时符合叙事中的人物和时空的逻辑联系，强调内部情绪的表达，也称为"零度剪辑"。在影片《美国美人》(图 4-9)中，通过跳切剪辑手法表现当时主人公内心的沮丧与困惑，增加了画面的节奏感。《罗拉快跑》出品自 1998 年，虽然是影视剪辑数字化早期的一部影片，但其剪辑特色鲜明、技法华丽，成为数字时代影视剪辑的重要代表作品。这是一部采用了重写式叙事结构的德国影片，3 段同因不同果的故事先后讲述，将经典的最后一分钟营救进行了重构和演化，也是平行蒙太奇应用的典范。由于该影片描述的是仅仅发生在 20 分钟之内的同一个故事的 3 种不同结果，所以叙事节奏紧凑，频繁地使用了跳切、碎剪、抽帧、插帧等创新式的剪辑手法，同时数字技术的应用也为影片的后期制作提供了有利的条件。

在《罗拉快跑》中(图 4-10)，多次的跳切应用的目的是为了表现女主人公情绪的

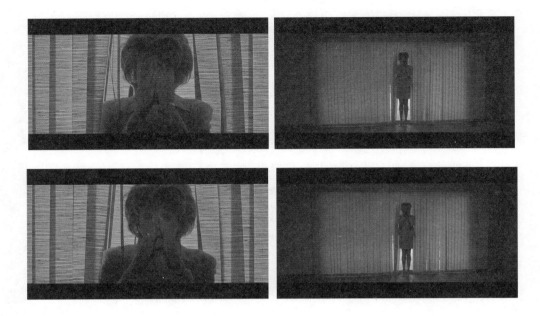

图 4-9 《美国美人》剧照

波动，为这种非线性的立体叙事服务。在影片 9 分 28 秒时，讲述了女主人公罗拉在电话中听到男友曼尼丢失了十万现金的时候歇斯底里地疯狂叫喊，在拍摄这组镜头的时候，摄影师采用了 3 个相似景别的镜头，都是俯拍，分别用中景、特写和大特写，从罗拉的带肩镜头直到罗拉面部的特写，3 个镜头的总长不过一秒钟，每一个镜头持续大约不到 10 个画格。由于人类的视觉停留特点，在后一个镜头插入的时候观众脑海中仍然存在着上一个镜头的画面，使得画面中的人物（罗拉）在观众的脑海中闪烁，从而制造了观众的眩晕感和剧烈的跳动感，表现出罗拉狂躁情绪的升级。

图 4-10 《罗拉快跑》中罗拉接电话的跳切

在 20 分钟时，曼尼出于时间的紧迫，无奈而抢劫超市。他走进超市举起枪，指向超市里的人们，用中景镜头拍摄。在第一个镜头中，曼尼举枪从画面的左侧指向右侧，紧接着的第二个镜头仍然是同样的动作,曼尼的手从画面的左侧划向右侧,配以相似的台词——打开钱柜,否则我就开枪。这两个镜头的连接使得画面中人物的手从画面右侧直接跳到左侧,紧接着重复上一个镜头的动作,使曼尼穷凶极恶的状态进一步升级,同时强调了抢劫过程的紧迫(图 4-11)。

图 4-11 《罗拉快跑》中曼尼举枪的镜头剧照

在彭浩翔的电影《买凶拍人》中同样运用了跳切的剪辑手法,表现出主人公试图通过一系列电话谈成一笔杀人的买卖,通过不断的跳切表现电话不断,时间的延续表明了一笔交易的难度(图 4-12)。

图 4-12 《买凶拍人》剧照

4.3 画面剪接技术

将拍摄出来的大量影像素材进行筛选后,按照影片总体构思的要求将这些影像按照一定的顺序组接起来。影像剪辑是电影剪辑中的主要内容和最重要的部分。

两个同景别、同主体、同构图的镜头连接在一起,而且表达一段连续的叙事,颠覆了传统剪辑镜头间流畅、连贯的原则,制造出了画面跳动感。

4.4　声　音　剪　辑

由于声音的录制方式不同,声音剪辑的方式也不同,大致分为先期合音、同期录音、后期配音,先期录音的声音大多是比较完整的乐段或唱段,所以这种声音的剪辑是在影像的拍摄完毕之后按照音乐的长短来剪辑影像,同期录音的声音与影像是一致的、对形的,所以这种声音的剪辑应该是声音与影像同时进行剪辑。后期配音通常是在影像基本剪完确定之后再来配制声音。

声音剪辑也是影片剪辑中非常重要的部分。影片中出现的声音是多种多样的,例如背景音、角色对白、自然界的声音、现场杂音等。在声音剪辑中需要注意选择音效的重点,有了重点才能表现出声音的层次,达到艺术创作的目的。好的声音剪辑可以增强画面的现实感和影片的戏剧性,带动观众情绪、渲染气氛、强化影片节奏。

转场依据手法的不同,大致可分为无技巧转场和有技巧转场。无技巧转场包括相似物转场、主观镜头转场、运动趋势转场、特写镜头转场等;有技巧转场包括淡入淡出、叠化、闪回等。由于非线性编辑的发展,使得有技巧转场实现起来更加便利和快捷,所以在当代影视作品中得到了很广泛的应用。由于当代影视叙事结构的多样性和复杂性,空间的转换更加频繁和复杂,立体叙事造成空间的多变,同时也对转场的技法提出了更高的要求。处理得当的转场能起到压缩时空、调控叙事节奏、渲染情绪等作用,是影片成败的关键因素。为此,更多的有技巧的转场方式应运而生,成为叙事的助推器。值得一提的是,数字技术的发展使得一种新的转场方式横空出世,即无缝连接技术转场。这种转场方式使得上、下镜头的连接更自如、效果更逼真,同时也形成了更有力的视觉冲击。

4.5　转　　　场

"转场"是一部影视作品的黏合剂,将一个又一个的蒙太奇段落按照时间、空间或者逻辑顺序连接在一起,是叙事结构的视觉化接点,也是视听语言的标点。影片《毕业生》(图 4-13)中,通过相似主体转场对主人公黑背景的切换达到转化场景的目的,能够在同一时间内叙述多事,加快剧情节奏。影片《海扁王》(图 4-14)中,对主人公食用的泡芙进行特写镜头处理,切换到另一个墓碑场景的表达。导演运用泡芙盒的造型和

图 4-13 　《毕业生》剧照

图 4-14 　《海扁王》剧照中相似的主体转场

第4章　数字媒体影像的剪辑　◀◀◀

墓碑造型的相似达到转场的目的,使其切换更加自然、和谐。

《海扁王》(图 4-15)中还有通过一辆黄色汽车划入画面,由一个场景逐渐转换到另一个场景,使其转场更加自然。

图 4-15 《海扁王》剧照 划向转场

在影片《海扁王》中(图 4-16),开篇 26 分左右,海扁王收到了快递寄来的夜行服,怀着对这套衣服的期待,他打开箱子,换上了衣服,对着镜子照来照去。剪辑师应用前后两组跳切镜头,在剪接点的选择上,使用动作的两级连接。例如第一个镜头,海扁王挥舞着棍子的手最终停留在身体前方,而连接的下一个镜头则是从海扁王从背后拔棍子的第一格起。之后的跳切镜头是从他将双手叉到腰部的最高处的最后一格与手放下准备抬起的第一格起。四对跳切镜头使用了相同景别、相同角度、相同机位拍摄海扁王在镜子前面做出的各种搏击动作,通过明显的剪接点来表达一个年轻人对即将进行的惩恶扬善活动的憧憬以及跃跃欲试的躁动。

图 4-16 《海扁王》剧照 停机再拍

镜头逐渐由主人公转向对他邮寄的包裹进行特写,这时的主人公身着便装。镜头再次摇至主人公时,主人公已经是身着邮寄过来的海扁王的服装造型。导演利用停机再拍的手法表现当时主人公迫切的心情。

4.6 无 缝 剪 接

在传统剪辑技法被完善的同时,一些基于数字技术的新的剪辑技法也被开发了出来,进一步向观众提供了视觉的快感,数字合成镜头就是其中最重要的部分。对于较复杂的蒙太奇段落,为了表现环境和人物间关系的真实感,巴赞的长镜头理论倾向于将蒙太奇禁用,而使用长镜头来表现。但由于拍摄的实际原因和人力、物力的限制,许多场景不可能使用真实的长镜头拍摄完成,所以数字合成的长镜头随之产生了。数字合成的长镜头虽然形式上是长镜头,但本质上却是分镜头拍摄的画面组接,是一种蒙太奇的表现形式,所以也是剪辑的一种,也可以称之为无缝剪辑。

124

　　无缝剪辑是影视作品镜头组接的一种方式,是数字技术应用于剪辑的重要体现。传统的镜头剪接会在素材中选取合适的剪接点,使两个镜头的连接流畅、动作自如,没有"跳动"感,让观众意识不到剪辑的存在,忽略掉剪接点的存在。但是,物理上的"接缝"还是存在的,只是剪辑师利用了观众的心理和视觉习惯,让观众"看不到"剪接点。而无缝剪辑是基于计算机技术的,将数字化的素材通过主体运动的"抠像"、数字绘景、影像合成等后期制作方法,使镜头与镜头之间达到一种真正意义上的"无缝"连接。

　　无缝剪辑在影视作品中的应用主要体现在长镜头的合成、场景的无缝转换以及超现实镜头奇观的制造。钮承泽导演的电影《爱》、《阿甘正传》、《云水谣》,开篇的长镜头是无缝剪辑的重要应用,以连续不断的合成长镜头带领观众逐渐进入叙事,增加观众的参与感。《海扁王》中无缝转场的应用使得场景的转换更为神奇,叙事更加连贯。在《罗拉快跑》的开场中,摄影机从空中俯冲进入房间,是数字合成的超现实奇观镜头。李安在《少年派的奇幻漂流》中用了合成技术来表现派在海面上的奇幻漂流生活,使讲述更具戏剧性。由于这种剪辑的方式流畅、连贯,营造了更加逼真的现场感。本章将通过 3 个层面(即数字合成的长镜头、数字合成的转场镜头和超现实奇观镜头)进一步研究剪辑数字化后产生的新的剪辑技法——无缝剪辑。

4.6.1　数字合成的开篇长镜头效果对比

　　长镜头是一种特殊的蒙太奇方式,是在一个连续的时空内不间断地完成一个镜头的拍摄,形成一个相对完整的蒙太奇段落,用于突出叙事的完整性和真实性。一般超过十秒钟的镜头便可以称为长镜头,有些影视作品中的长镜头可以长达几分钟甚至十几分钟。早期的电影局限于技术手段,所以通常都是用一个镜头完成的,我们称之为"原始长镜头"。卢米埃尔于 1897 年发行的影片几乎都是用一个镜头完成的。

　　在传统剪辑被逐渐完善、提升的同时,数字技术的加入使得新的剪辑技法形成了自己的视听语言形式,从而满足观众的需要。

　　在当代数字技术蓬勃发展的今天,画面与画面之间、镜头与镜头之间被零缝隙组接,进而形成新的转场形式,那就是无缝剪辑技术及理论。通过摄影机的拍摄即把所形成的影像进行分解,然后理性地、逻辑较强地合成在一起,成为看似由一个镜头拍摄一个无缝影像画面。无缝剪辑具有使观众看到其无法看到的画面的功能,将如同梦境般的运动画面形成更加自然的形态,展现出时间与空间的延展性。它的意义是对影像叙事而言,无论它是正常叙事,还是非叙事的,也无论故事情节多么复杂、画面组织多么繁长,都可以通过剪辑方式不露痕迹地形成一个长镜头,进而把镜头与镜头间的组接消解开来。

就审美美学而言,与传统的剪辑及镜头视听语言相比。无缝剪辑技术更能展现出人类探求其未知领域、挑战其生理及心理极限的作用,从而实现观众对视觉上美学的追求。

《云水谣》这部影片根据作家张克辉创作的电影文学剧本《寻找》改编而成,由尹力执导、战海红担任剪辑的创作团队来完成,可以说,它成为当时运用数字合成技术最长的国产经典影片之一。该影片讲述了一个跨越了60年的爱情故事,展现了时代的变迁、社会的发展,细腻的拍摄配以精巧的数字特技,使影片叙事流畅、情节感人。在开篇长达6分钟的长镜头中展现了当年中国台湾街道最有代表性的景物,男主人公缓缓地走进了观众的视线,展开了慢节奏的叙事。如果采用传统手法拍摄,在摄影棚中搭景,大量的演员调度和摄影机的运动都是不可能完成的任务。所以最终影片采用了数字特技,将拍摄的7个素材镜头和1个合成镜头进行了无缝连接,让剪接点消失,使得不可能的任务变成了可能。这个长镜头在开场叙事中起到了控制节奏的作用,营造了富有美感的视觉奇观。在经过对演员表演和摄影机运动的精细设计和计算后,拍摄了7个有连接可能的素材镜头。将这7个素材镜头放入计算机软件中进行运动速度的匹配,使镜头连接在一起时不会有跳动感产生,这也是做无缝连接特技的第一步(图4-17)。

图 4-17 《云水谣》中长镜头的场景转换

图 4-17 （续）

下面看一下这 7 个镜头是如何连接的(表 4-1)。镜头 1 和镜头 2 的连接是以一个报童的出现为接点,将两个拍摄街上行驶的汽车的镜头连接在一起。镜头 1 从屋中拍摄的擦鞋场景开始,摄影机向右移动,绕过了墙壁,并使用全景拍摄街上行驶的汽车。这时报童突然冲到汽车前,并迅速地离去。在报童移动的过程中遮挡了前、后两个素材的接缝,使之成为该长镜头的第一个接点。合成的过程大致是这样的,先采用蓝幕拍摄报童并进行抠像处理,再将调色后的前、后两个素材拼接在一起,用已被抠出的报童的运动影像图层合成到画面中,使接缝被掩盖。前、后两个素材由于拍摄的时间、采光、透视关系以及街面上人物的运动和倒影等有所差异,所以在选择了最适合连接的两个素材后运用了逐层递减的方式,将镜头 2 的地面透视用 3D 跟踪技术,将镜头 1 的地面替换掉,对两个镜头的地面完成了拼接。将报童的画面进行抠像拍摄,叠加进画面用于遮挡汽车对位后的连接点。之后对街上的行人进行抠像置换,将行人与镜头 2 的背景合成在一起,并使其运动速率一致。最终将人物和景物的阴影进行制作和调整,使画面连接平稳、流畅。

表 4-1　镜头的连接

	镜 头 内 容	连 接 点
1	拍摄男主人公在擦鞋,摄影机从左向右运动摇向墙外行驶的汽车	卖报童出现在汽车的前面
2	汽车驶过,摄影机摇向楼上的卖唱女	通过数字绘景制作的虚拟的墙
3	镜头继续运动,绕过墙体,拍摄墙后屋里正在进行的木偶戏	通过数字绘景制作的虚拟的窗户
4	摄影机穿窗而出,拉成了屋顶的全景	—
5	虚拟摄影机在"屋顶"上空运动	—
6	摄影机自上而下运动,拍摄屋顶下的婚礼和街景	卡车
7	卡车驶过,拍摄另一个院落门口的人们和院中的孩子	树丛
8	摄影机在空中运动,划过树丛,并最终正式进入叙事	—

镜头 2 与镜头 3 的连接先是从街面二楼拍摄的卖唱女,通过运动镜头绕过墙壁,再拍摄室内的木偶戏。这对镜头的组接涉及从室内到室外的光线变化。通过一个采用数字技术绘制的虚拟墙壁的遮挡模拟摄影机的运动,镜头从室外的场景进入室内。在精细调整光线和前、后两镜头的色调后,虚拟摄像机模拟出了人眼从室外进入室内

的感光效果,渲染了木偶的细节,使表演更加生动。

之后镜头从演木偶戏的房间出来,模拟了一个穿越窗户的移动方式,到了室外进行全景拍摄,拍摄一片 20 世纪 40 年代中国台湾民居的楼顶。这是实景拍摄的镜头(室内的木偶戏)与虚拟镜头(民居的屋顶)的合成与叠加,虚拟屋顶的制作是通过实景镜头加之 3D 建模的合成制作。之后计算机模拟摄影机继续运动,从虚拟民居的屋顶划过后,画面连接到屋檐下正在进行的婚礼镜头。由于涉及虚拟场景(屋顶)和实拍场景的连接,在婚礼的场景中烟花和爆竹的效果会很突兀,所以在虚拟屋顶的最后几帧用粒子的合成和发射技术制造了虚拟的烟花,使画面的气氛渐渐地融入屋檐下的婚礼场景中。前景中的人物经过抠像的处理,与虚拟的烟花和天空进行叠加,最终完成了这次无缝连接的转换。

随后镜头运动自左向右,继续拍摄街面的场景。为了连接下一个院落的镜头,剪辑师使用了一辆卡车作为接点。通过抠像后的开车驶过遮挡住了大部分的画面,将边缘的背景进行修饰,并与下一镜头的开端叠加。之后摄影机安装了高空拍摄的辅助设备,从院落中孩子们的头顶摇过,以一片树木枝叶作为遮挡图层,场景转换到了另一个院落,影片叙事正式开始,观众的情绪也被深深地带入了故事中。

钮承泽导演的《爱》于 2012 年 2 月 13 日上映,这是一部多名演员联袂主演、倾力打造的动人的爱情故事。该影片的开篇是长达 12 分钟的长镜头,从卫生间里的一支验孕棒开始,经过咖啡花园、马路、宾馆和轿车的空间变换,在台北地标"101 大厦"前飘过的气球终止。这期间 8 位主角陆续登场,在真实场景与虚拟场景的交替转换中呈现彼此错综复杂的关系,一气呵成。在数字技术面前,法国电影新浪潮的精神之父安德烈·巴赞的著名论断"用时空的真实性来体现电影的真实性"又一次被颠覆。

这 12 分钟的长镜头其实是由 13 个独立的镜头连接而成,其中厕所、街道以及 W 宾馆的大堂是在真实场景中拍摄,而酒店的电梯、房间和舒淇与钮承泽谈话的轿车却是在摄影棚中搭景的拍摄,并在后期制作中用计算机绘制出了各种背景进行合成。各个镜头的连接主要是靠运动的主体进行遮挡,通过绿幕拍摄后进行"抠像",最终用这个图层掩盖连接点。表 4-2 列出了这些镜头是如何连接的。

通过该表可以看到,无缝剪辑的连接点主要选择在不同的拍摄场景的转换接点。出于各种原因,摄影机不能在两个不同场景中平稳地过渡,数字长镜头却能使这两个场景连接起来,符合逻辑、浑然一体,使不同的时空做到有机地、合理地组合,一气呵成。

表 4-2　13 个镜头的连接

	镜 头 内 容	连 接 点
1	女主角站起来,从厕所推开门往外走	虚拟绘制的厕所门遮挡,镜头切换
2	女主角走出厕所,进入了走廊行走	路人遮挡镜头切换
3	女主角沿着走廊进入咖啡花园,见到了男主角,之后男主角骑车离开	通过路人划过画面切断了长时间的骑行过程
4	摄影机跟随拍摄,直到男主角的自行车撞到玛莎拉蒂	行驶的摩托车划过屏幕
5	男主角开车行驶,停车后走进 W 宾馆,进电梯	路人遮挡,切进影棚的电梯
6	男主角从电梯走出,进入房间	门的遮挡
7	男主角进屋,拉窗帘	窗帘的遮挡,以及虚拟的窗户
8	模拟的摄影机移动,从楼下房间摇到楼上。赵薇从房间走出,碰到服务生,服务生推车走向厨房	服务生途经的走廊是通过绿色背景拍摄以及后期绘制的,走进厨房的墙作为遮挡,从影棚连接到厨房的实际场景
9	服务生进入了厨房,推车准备走出厨房	依然是那道墙的遮挡,又回到摄影棚
10	服务生推车进入舒淇的房间送餐,再走出来。之后舒淇离开房间,进入摄影棚电梯	路人的遮挡,从摄影棚回到酒店大厅实景
11	舒淇走出宾馆,直到上车	负责开车门的保镖遮挡镜头,从实景进入了摄影棚的虚拟汽车中
12	两人在车中谈话	司机的遮挡,转到了窗外的天空
13	气球升空	

可以看到,镜头与镜头的连接并不是简单的拼接,而是需要有一个前景的物体遮挡画面作为过渡,通常会选择墙体、门、路人或者车辆。一般情况下,选择一个在画面中能够占据较大面积的主体进行抠像拍摄,通常采用绿幕(或蓝幕)拍摄(之所以用蓝色或绿色屏拍摄,主要是由于这两种颜色的背景最易抠除),加上对动作的捕捉,再用计算机技术将运动的主体(人或车)进行抠像,剔除背景得到透明的图层,并叠加到两个需要连接的素材画面上。随后配以数字绘景技术,将这两个图层的边缘进行修复和绘制,使之尽可能地融入画面中。例如镜头 2 与镜头 3 的连接,女主角走出厕所,进入走廊行走,镜头跟随拍摄,采用中景景别,同时保持构图不变。这时一位路人与之擦肩而过,从镜头的后面走向镜头前面,再走向远离镜头的方向。随即镜头已经切换到了3,是原素材中女主人公走出长廊进入咖啡花园的画面。这位擦肩而过的路人实际上是在蓝色屏前拍摄的,在后期制作中将她从背景中抠出,再与虚拟的背景合成。她在

构图中占到了很大的面积，以至于能够很好地遮挡连接点。同样，镜头 5 与镜头 6、镜头 10 与镜头 11 等都是通过人物划过画面遮挡连接点实现镜头连接的。

镜头 4 与镜头 5 的连接，男主人公骑车前行，摄影机跟随拍摄，直到他的自行车撞到跑车后离开，跑车继续行驶。这时的拍摄主体已经变成了这辆跑车，叙事进入下一个环节。为了能更好地完成拍摄，导演不得不在骑车撞跑车和跑车驶向 W 宾馆之间切开。略有不同的是，这两个镜头的连接使遮挡主体变成了行驶的摩托车。这辆摩托车是在摄影棚内的蓝色屏前拍摄的，经过了背景的抠除，这辆摩托车成为两个镜头的接点。

有时由于技术的需要，也会使用虚拟主体进行镜头的遮挡，例如镜头 7 与镜头 8 的连接，男主人公拉上窗帘，虚拟的摄影机穿过窗户，移到了仅一天花板之隔的楼上房间，继续拍摄房间中的人物。为了表现两个房间中人物的实时性，镜头的运动看似是通过窗户从楼下房间飞进楼上的。在拍摄中，这个窗户实际上是绿色的背景，在后期制作中用数字技术绘制了一个虚拟的窗户。通过计算机模拟摄影机的运动，观众的视点穿过了窗户，"飞"进了楼上的房间。与之类似的还有镜头 1 与镜头 2 的厕所门，女主角"开门"从厕所走进长廊。而连接镜头 6 与镜头 7 的电梯门，将被拍摄的人们从实景中的电梯"搬到"了摄影棚中的电梯（图 4-18）。

图 4-18　《爱》中的镜头合成过程

图 4-18 （续）

4.6.2 起到转场效果的合成镜头案例分析

作为场景转换的手段，是无缝剪辑在影视作品中的又一大应用。无缝转场属于有技巧的转场中的一种，所达到的效果类似于叠化，但是却将连接的痕迹消除，使场景的转换变得流畅，创造了一种"真实"的奇观。

影片《泰坦尼克号》(图 4-19)是首部应用了无缝转场的影视作品。整部影片应用了大量的数字合成技术,使回忆与现实连接得流畅、平稳。例如开篇 20 分钟,老年的萝丝看着监视器中海底锈迹斑斑的船体残骸,镜头摇向船身,船体随之渐渐变得焕然一新,并停泊在海港。随后喧闹的人群也充满了画面,整个过程如同在梦境中。

图 4-19 《泰坦尼克号》中的"变船"

另一种无缝转场的形式类似于传统转场的相似物转场。在传统影片中,相似物的转场是有缝的,也就是能看到明显的剪接点,例如基斯洛夫斯基的《红》《白》《蓝》三部曲中的《蓝》,在女主角挂断电话后,镜头推到了电话的特写,这时镜头切换到了另一部电话,景别同样是特写,镜头被拉了出来,场景已经变化到了男主角的房间。虽然镜头的切换很自如,但是能看到明显的两个电话的特写镜头中的连接点。

无缝连接技术应用到转场中与相似物转场有异曲同工之妙,都是通过一个被两个空间共用的物体的特写或是通过占据画面的大部分面积的被摄主体来遮挡镜头,通过数字合成技术完成两个镜头的连接。

2010 年上映的影片《海扁王》讲述了一个普通的男孩把自己变成超级英雄的故事。他歪打正着小有名气后,结识了一对真正的超级英雄父女。他们怀着共同的理想走到了一起,励志要铲除大毒枭。然而大毒枭和他的儿子也在想尽一切办法对付他们,但最终正义战胜了邪恶,成就了这个男孩成为超级英雄的梦想。在该影片中,同样是相似物的转场,应用了无缝连接技术,使得观者耳目一新。《海扁王》中运用无缝剪辑和数字绘景等技术的镜头达到上百个之多,几乎囊括了所有的无缝转场的连接技术,在此只以最具有代表性的几处无缝转场为例。

无缝连接的转场是数字背景下相似物转场的一种形式,同时又具有很多其他转场的特点,例如省略式无缝转场、特写镜头无缝转场、运动镜头转场等,下面对它们分别进行讨论。

1. 省略式无缝转场

在影片《海扁王》(图 4-20)中开篇近 10 分钟的画面很好地交代了其省略画面的含

义。海扁王男主人公戴夫为了履行自己的梦想,通过网络购置了夜行衣的装备。创作者第一个镜头给了主人公一个中景交代了其角色的位置,然后给出海扁王站在网购的箱子后面的画面,用来表示两者的位置关系,随即镜头推向了箱子,以特写镜头使箱子充满了画面,给人以想象。画面停留近一秒后随即转入中景,就在此时镜头中则是表现了戴夫穿好夜行衣的画面。在这一段戏中省略了主人公换衣的情节,这就是无缝转场的重要方式之一,同时也起到了省略的作用。创作者为了更好地表现出男主人公当时的心理以及急切的心情,运用了无缝剪辑技术,更好地交代了当时的情景。

图 4-20 《海扁王》剧照

在影片 13 分钟时,"大老爸"对"超杀女"许诺练习完射击之后就去打保龄球。"大老爸"举起枪,出膛的子弹瞬间变成了保龄球,滚向了球瓶。首先,出膛的子弹是用数字技术绘制的。因为如果使用常规技术,是不可能拍摄到子弹运行的轨迹的。这里使用了数字技术,将实际拍摄的枪筒镜头与数字绘制的子弹合成在一个画面中,在子弹射出并占到画面最大面积时剪开,连接下一个镜头,保龄球达到速度滚向球瓶的第一帧开始。通过省略掉射击完成到"大老爸"带"超杀女"去打保龄球等一系列过程,无缝连接技术使得空间转换更及时,控制了影片的节奏。

2. 特写镜头无缝转场

特写镜头的无缝转场通过特写拍摄的主体的抠像以及后期数字绘景的画面合成,使得被共用的主体在两个空间内变换自如。

影片 17 分钟时,海扁王勇敢地与盗车贼搏斗,摔倒后坚持着站起来,但是当他刚刚站起来时,又被飞驰而来的汽车撞倒。摄影机摇向倒在地上的海扁王的脸,特写拍摄面部。随即作为背景的地面渐渐变成了病床和医院的地面,镜头拉出来,场景已经变成了医院。

同样是特写镜头,大约在 20 分钟时,大毒枭阿米克的谈话场景中画面最终定格在了阿米克的脸上,随即他的面部质感发生了变化,从真实的人物渐变到彩铅画中的人物,镜头拉出来,场景变换到了"大老爸"和"超杀女"的家中,"大老爸"拿着阿米克的画像在向"超杀女"说些什么。

3. 运动镜头转场

影片 14 分钟时,男主人公海扁王站在两座楼之间练习跳远(他的目的是为了能够从两座楼的楼顶跳过去),全景拍摄。镜头在摇过楼的外墙后摇向楼顶,这时海扁王已经站在楼顶跃跃欲试了。通过蓝屏拍摄和动作捕捉,将海扁王在楼下练习跳远的动作和站在楼顶的动作进行捕捉,应用数字绘景绘制墙壁,再用虚拟摄像机模拟出镜头的运动,最后将人物动作和虚拟墙壁进行合成,使得运动的镜头完整、流畅,场景的变换鬼斧神工。

另一种运动镜头的无缝转换我们戏称为"穿墙镜头"。顾名思义,就是镜头穿过墙体,在各个空间之中随意穿梭。在影片 32 分钟时,讲述了海扁王歪打正着地出了名,新闻在大力宣传他。为了表现这条新闻的力度和普及度,作品中采用了画外音(新闻播报的声音)的连续不断,同时用一个合成长镜头连接不同空间内的人物(从"大老爸"到大毒枭,再到海扁王),表现他们在同时收看新闻。镜头从"大老爸"的房间开始动,景别为中景,由左向右,摇过"大老爸"和"超杀女"收看新闻的场面,随后穿过一面墙体进入了大毒枭的房间。伴随着连续的新闻播报的声音,镜头从沙发穿过,最终进入到了海扁王的房间。在一个镜头内联合进了 3 个空间,生动地表现了这条新闻的实时性。同样,在影片结尾部分,"超杀女"进入了大毒枭的大楼的电梯,镜头从中景拉到了全景,之后向上运动,穿过天花板,进入了海扁王的空间。这种穿墙效果的镜头的最大特点就是表现了叙事的实时性和完整性，也就是在主人公不知情的情况下，带领观众的视点游历于各个空间。

4. 超现实镜头运动的模拟

通过数字合成技术结合实拍的素材，可以制造出常规拍摄方法无法完成的镜头，或是一种非常规的镜头运动模式和现实中无法企及的视角，制造出一种超现实的镜头效果，例如钻电线、钻马桶，以及从显微镜下的例子直接飞跃到太空等。影视作品追求的是一种逼真的效果，即使它在客观上并不存在，只要视觉上符合自然规律，电影所制造的梦幻般的奇观便是观众所期待的。传统电影的奇观制造视觉冲击力度不足，或是由于技术的限制而真实度低，远远无法满足当代观众的视觉审美要求。数字技术的出现拓展了动态视觉的影像，使超现实运动镜头的奇观制造有了更大的空间。

李安导演的《少年派的奇幻漂流》于 2012 年 11 月上映，讲述了一个叫"派"的少年和一只名叫理查德·帕克的孟加拉虎在海上漂泊 227 天的故事。由于故事重点是在突出"奇幻"这个主体，所以在海上漂流的拍摄较多采用了数字特效合成画面。这些数字技术参与的镜头的组接自然少不了数字合成镜头的功劳，在此看一些数字组接的超现实镜头的连接效果。

这是派在遭遇海难后的一组镜头，表现的是派将装满了救生字条的易拉罐扔到水中的过程。前景的人物、易拉罐和救生艇是通过绿幕拍摄抠像得来的，背景的天空和水面通过数字技术绘制，后期的合成实现了奇幻般的场景（图 4-21）。

图 4-21　影片《少年派的奇幻漂流》剧照

在另一组镜头中，为了表现派对于《救生手册》的理解，导演采用了一组超现实的镜头效果来表现。通过同时出现在镜头中的派的阅读和派的行动，实现了表现剪辑的效果。也就是说,在同一个镜头画面中,派阅读手册部分是长镜头,而派的实际行动(包括收集淡水、休息、刻字等)实现了表现剪辑的镜头组的作用。数字技术作为一种黏合剂,将这两种蒙太奇技法揉捏在一起,使这个相关的因果叙事进行了超现实的表现,制造出了一种视觉奇观。

通过这组图片可以看到,前景中的派正在低头阅读《救生手册》,而背景中,派在实施手册中的条目,这些镜头画面在连续切换,派天衣无缝地出现在同一个画面中,颇有趣味(图 4-22)。

图 4-22　《少年派的奇幻漂流》中的超现实镜头合成

同样是超现实的镜头制作,《罗拉快跑》的开篇镜头是另一种奇特的效果。该镜头拍摄的是高空俯瞰的城市,随后摄影机以自由落体的方式快速落下,并钻入了一座房屋中,最后定格在电话机上。这个镜头在真实的拍摄中是不可能实现的。这个镜头先将拍摄好的城市进行数字化处理,用虚拟摄像机模拟镜头视点俯冲向地面的过程。之后通过数字合成技术,将更为细化的院落俯拍镜头与之前的城市航拍镜头进行无缝连接,在这个过程中需要经过数字绘景、调色等技术,使得两个镜头的衔接处过渡平稳、流畅,做得天衣无缝。模拟摄影机的作用功不可没,随后镜头从院落的空中穿窗而入,进入到罗拉家,穿越了繁杂的走廊和通道,最终到达电话机前。在这一系列的过程中,其实应用了许多单一的镜头,数字合成之后,使之成为一个连续的过程,再用虚拟摄影机模拟观众的视点,制作空中俯冲和穿窗等奇观。

137

可以说,每一门艺术的表现形式的实现都有与之相配合的技术手段作为依托。影视这门以摄影技术为基本手段的艺术相对于传统艺术而言是一种新兴的艺术门类,同时受到了后工业时代的技术革新,从而迅猛发展。

电影数字技术的出现和在影视制作中的运用已经深刻地改变了电影制作的方式和艺术的性质。经过近几十年的发展,伴随着数字影像技术进入电影工业,完全改变了传统机械复制观念和本体美学审美的特征,进而电影自身已经进入从传统影响人物真实再现到当今计算机图形生成和数字奇观审美的工业光魔的时代。高科技在电影、电视领域中的引进和渗透促使影视制作发生了巨大的变革,在视觉上产生了前所未有的震撼。

从 1979 年乔治·卢卡斯的《星球大战》到 1993 年斯皮尔伯格震惊世界的《侏罗纪公园》,再到《泰坦尼克号》以及就目前而言达到视觉顶峰的《阿凡达》,无疑都大量地运用了计算机技术,采用影视语言来表现导演对未知宇宙世界的想象。在影片中描绘了各种各样功能新奇、造型各异的宇宙飞船,营造了神奇、奥秘的宇宙空间前所未有的场景气氛,展现出人们只有在幻想中才会出现的瞬息万变的太空景象。

正当 2009 年内地的电影市场还沉浸在贺岁档的喜悦的时候,电影《阿凡达》悄然登陆国内市场(图 5-1)。可以说,这部影片在视听上给观众带来了前所未有、酣畅淋漓的震撼。到目前为止,《阿凡达》在全球不仅取得了高额的商业回报,而且在电影艺术上可谓是进行了彻底的颠覆式的实验。《阿凡达》之所以能够取得如此大的成功,不仅在于它在影片中采用了各种高科技制作技术作为手段,关键还在于导演卡梅隆能把技术和艺术进行有机的、完美的融合,让观众在反思当前人类面临的各种困局时还能得到美的享受。可以说,《阿凡达》是对好莱坞电影的又一次突破(图 5-2)。

在影片《阿凡达》中,詹姆斯·卡梅隆及其团队凭借超乎寻常的想象力构建了一个古老而又令人耳目一新的生物体系构成的未知的世界领域——潘多拉星球。在这个

图 5-1 《阿凡达》拍摄场景

图 5-2 《阿凡达》剧照 1

近乎原始生态的星球上却有着如纳美人、六脚马、桑那多兽等生物,这里全新而又美好的生态环境给人以无限而又美好的遐想。与此同时,伴随着美好的事物的却是导演想要表达的人类的暴力与贪念的欲望。其完美在于没有一味地炫技,而是真正做到了让观众几乎意识不到的境界。影片没有令人眩晕的重影,也没有令人呕吐的视觉错位,有的是身临其境的真实感,层次分明的远景与近景,以及触手可及的动物、植物和人类。由于新技术的应用,各种奇异迷幻生物的构造、瑰丽的光影、晶亮的荧光,如梦如幻,给观者带来了一场奇异世界之旅(图 5-3、图 5-4)。

图 5-3 《阿凡达》剧照 2

《阿凡达》的前半部分就像是风格迥异的两部电影在交错放映,一部像是写实主义电影,一部像是诗电影。真人秀部分的视听很写实,多用中近景和静止镜头,某些段落带有纪录片风格,杰克对着摄像头的自我录像也体现出一种更为客观的真实姿态。克

图 5-4 《阿凡达》剧照 3

拉考尔不赞同电影通过隐喻去净化和美化所表现的世界,认为电影的功能是回到不加修饰的现实物质世界本身。

可以看到,《阿凡达》在竭力批判科学技术开发对人类原始本性构成戕害的同时,影片自身却在不知不觉中坠入了炫技的"泥潭"。对于电影来说,难的不是技术创新,而是如何让技术手段蝶变成美学手段。所以说,《阿凡达》最大的价值不在于它的 3D,而在于它将技术表现与艺术表达有机的缝合,这才是足以催发电影本体再成长的真正的革命。

5.1　动画电影《东京教父》中的"婚礼"片段镜头语言分析

1. 分镜头剧本

镜号	景别	长度（格）	拍摄方法	音响/音乐	内　　容	
1	中景	3	固定	嘈杂的人声,新郎讲话的声音		新郎打电话询问婴儿生母的下落

续表

镜号	景别	长度（格）	拍摄方法	音响/音乐	内　　容	
2	特写	69	固定	嘈杂的人声		Gin 认出了新郎是害他家庭破裂的元凶，欲用手中的酒瓶对其进行报复
3	近景	178	固定	Hana 和 Gin 说话的声音，背景音乐渐入		Hana 察觉出 Gin 的不同寻常，询问之下知道了原因
4	中景	135	固定	新郎讲电话的声音及背景音乐		新郎继续毫无所察地打电话，他的老板也即将是他的岳父走过来催促婚礼的进程
5	近景	264	固定	主人公的说话声和逐渐节奏变快的音乐		Gin 打算用手中的酒瓶杀死新郎而挥舞着冲了上去

镜号	景别	长度（格）	拍摄方法	音响/音乐	内 容	
6	中景	103	固定	Hana 的叫喊声，背景音乐以及托盘落地的声音		Hana 极力阻止却无能为力地被 Gin 拖出了画面，一个端着盘子的侍者走进画面
7	近景	24	固定	背景音乐，托盘落地的余声		老板察觉出骚动而回头看
8	近景	24	固定	Hana 的叫喊声，背景音乐及托盘落地的余音		Gin 继续挥舞瓶子向前冲来，Hana 仍在奋力阻止
9	特写	30	固定	托盘及杯子落地的声音		托盘连带着上面的酒瓶和玻璃杯一同落向地面

143

续表

镜号	景别	长度（格）	拍摄方法	音响/音乐	内　　容	
10	近景	12	固定	托盘及杯子落地的余音		新郎也察觉出了令人不安的气氛而回头看
11	特写	34	固定	托盘及杯子落地的余音		托盘在地面上划出一道优美的弧线
12	中景	38	摇	空灵的声效		侍者举起了手中的手枪对准镜头
13	特写	50	固定	盘子滚动的声音		托盘在原地打转

镜号	景别	长度（格）	拍摄方法	音响/音乐	内 容	
14	特写	20	固定	盘子滚动的声音		老板惊恐的表情，从他眼镜的反射中可以清楚地看到侍者用枪指着他
15	近景	14	固定	盘子滚动的声音		一旁的 Gin 和 Hana 两人仍毫无所察地一个挥动瓶子一个奋力阻止
16	近景	25	摇	盘子滚动的声音		新郎发现了突然出现的刺客而万分惊恐
17	全景	54	固定	盘子滚动的声音转入空灵的声效		交代各个人物之间的位置关系，以及每个人在瞬间的动态

145

续表

镜号	景别	长度（格）	拍摄方法	音响/音乐	内　容
18	特写	24	固定	空灵的声音，突然枪声响起	托盘仍在打转到彻底静止
19	近景	16	固定	枪声	正点烟的新娘听到奇怪的声音而回头查看
20	近景	30	固定	枪声	刚帮婴儿换完尿布的 Miyuki 正打开大厅的门
21	全景	54	固定	枪声的余音以及好像耳朵轰鸣的声音	大厅中参加婚宴的人们还未反应过来到底发生了什么

镜号	景别	长度（格）	拍摄方法	音响/音乐	内 容	
22	近景	81	摇	主人公的惊讶声及侍者悔恨的声音，背景音乐响起		Gin 和 Hana 看到了眼前的手枪惊讶地停止了动作，侍者一脸糟糕的表情撤回手枪并且逃跑
23	近景	50	固定	背景音乐		原来是新郎替他的老板也就是他的岳父挡住了子弹
24	全景	37	固定	嘈杂的人声		大厅里的人们开始骚动
25	中景	88	摇	背景音乐及嘈杂的人声		侍者逃跑

第5章　数字媒体影像视听语言分析范例

续表

镜号	景别	长度（格）	拍摄方法	音响/音乐	内　容	
26	全景	153	固定	老板呼喊Gin询问情况，随从追出去的声音及背景音乐		老板喊着新郎的名字，他的手下追了出去，Gin跪到地上询问新郎的情况
27	全景	95	固定	嘈杂的人声及Miyuki惊讶的声音，背景音乐		侍者冲出人群，还不知事态的Miyuki走了进来，被侍者抓住
28	中景	24	固定	Miyuki的声音，背景音乐		Miyuki被抓做人质
29	特写	40	固定	枪声，背景音乐		侍者开枪威胁，Miyuki才惊恐地发现自己遇到了什么样的状况

镜号	景别	长度（格）	拍摄方法	音响/音乐	内 容
30	全景	66	固定	背景音乐	侍者拖住 Miyuki 向大门移动

2. 机位图

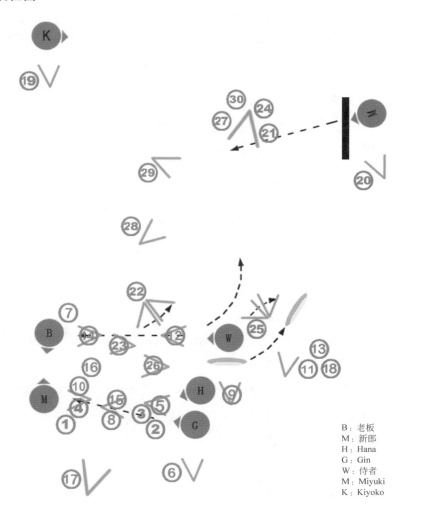

B：老板
M：新郎
H：Hana
G：Gin
W：侍者
M：Miyuki
K：Kiyoko

149

3. 片段分析

和宫崎峻、大友克洋等知名制作人一样，今敏的作品同样充斥着强烈的个人色彩，不管是他的前两部作品《Perfect Blue》、《千年女优》，还是这部《东京教父》都是如此。今敏的作品大多以写实风格为主，他注重用夸张角色表情的变化以及角色动作的变化来表达该角色的感情，这种夸张的表现方式不仅使得影片中的角色形象鲜明，而且还成功地赋予了每个角色以不同的强烈的个性，所以在我们脑海中，他作品中的角色都是活生生的。而他最具特色也是最让人为之着迷的是他对剧情独特的诠释方式，三部作品使用三种截然不同的叙事方式，部部都有其独到之处。如果说把《千年女优》比作王家卫风格的电影，那么《东京教父》就是不折不扣的商业片了。在《东京教父》这部作品中，今敏先生似乎想用更容易为人接受的方式来阐述自己对生命、世界、价值的看法。

影片节奏掌握的不好会影响整部影片的质量，即使故事再动人，如果平铺直叙地讲下来，还是会让人看睡着的，因此特别提出一段，分别从景别、长度、声音以及速度这四方面来分析一下这个片段的节奏把握。

1）景别

首先，我做了一张这个片段所有镜头的景别曲线图。

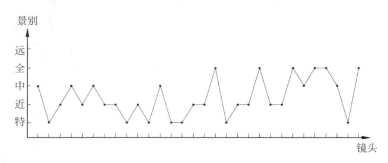

《东京教父》——"婚礼"一段景别运用曲线说明图

该图纵轴为"景别"，横轴为"镜头"。其中景别分为特写、近景、中景、全景和远景五种，本段共 30 个镜头。横轴上每一个竖线代表一个镜头号，该镜头上所对应的纵轴点就是该镜头所运用到的景别。由该图可以一目了然地看出景别对于叙事节奏把握所起到的重要作用。该波形图就是很明显的一种节奏象征，高低起伏，有紧有松。前三个镜头是该片段的开头，用了一个跨度较大的景别组合（中-特-近），作为一个开始的引子；从第 4 个到第 10 个镜头相对来说景别运用比较平缓，集中在中近景，只有一个特写，就是后面还会穿插出现的托盘，中近景的作用主要是追求一种真实性以及交代人物与人物之间的关系,人物与近距离的空间之间所发生的关系,并且与此同时画面内部的调度开始显现。作者在这一小节集中运用中近景的目的正是出于此,因为这一小节出现了一个关键性的人物——侍者,他是引发后面一系列戏剧性发展的重要一环,因此在这一小节中必须适当地交代清楚他是谁,他要做什么,他和周围人物是什么样的关系,而作者又想为这一小节提供一个相对真实可信的环境,中近景是最好的表达手法。但是这里作者在保证了前几个条件下又给观众造成了一定的迷惑,就是到底这个侍者要对付的那个人是谁? 是那个老板还是那个新郎? 这个玄机引得观众有继续看下去知道真相的欲望。我们如图所示看一下作者是通过一个什么手法来卖这个关子的:

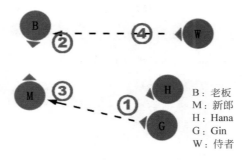

B:老板
M:新郎
H:Hana
G:Gin
W:侍者

该图简易地描述了几个人物之间的关系,黑色虚线是双方将要做的事:侍者要杀的人是老板,Gin 想打的人是新郎,可镜头是怎么给的呢? 请看绿色标记,对其中的其他镜头先忽略不计了,那么第一个镜头是 Gin 举着酒瓶冲上来,第二个紧接老板转脸看的近景,第三个是新郎发现异端而回头看,对上的却是侍者。这是在我们后面才弄明白的机位问题,这样就造成了一定的混淆效果。作者半遮半掩的表现方式深深吸引住了观众。我们继续讨论有关景别的问题,片段从第 11 个镜头开始有了小高潮,也就是侍者用枪刺杀老板的一系列过程。让我们看看景别是如何处理的,这之中穿插着三次特写,加上一个小节中的一次,作者一共用特写描写了四次盘子在地面滚动的画面,如果把这四次连起来的话就是完整的一段托盘掉到地上到静止的动画,为什么要加入托盘的特写,并且是分开来四次与主要剧情穿插着来交代呢? 我认为这个小节是这个小片段最精彩的一幕了,充分地展示出动画片与商业电影大片叙事手法的完美结合。

这个小节描写的是一个假扮成侍者的人要刺杀那个老板,而 Gin 则是要对新郎进行报复,Hana 极力阻止他,而新郎注意到的是侍者慢慢举起的枪,这样一个复杂的三角关系,最后由于新郎的挺身相救,刺杀行动失败。我们看一下托盘四次"掉"的安排,前三次"掉"分别是镜头 9、11、13，每个中间加一个叙事镜头，镜头 10 是侍者举枪，镜头 12 是新郎转头看，这两个动作都是处于一种悬而未发的状态，举枪但并没开，转头但不知道是否真的发现，在这两种节骨眼上插一个托盘滚的特写，无疑是想增加紧张感与悬疑效果，吸引住观众全部的注意力继续往下看，而第四个特写出现在镜头 18，中间隔了四个镜头，这四个镜头交代了一些信息，新郎发现了举枪的女孩，在倾身向前，两位主人公仍没有察觉身边的异动，镜头 17 终于在全景的状态下交代了各个人物的位置及之间的关系，就在观众终于以为要出点什么事的时候，托盘滚落的特写又插了进来，到底怎么样了？使得观众们紧张的情绪达到了最高点，就在托盘彻底停下的那一刹那，枪声响了起来。这四个托盘落地的片段就好像药性强烈的药引子，带着观众进入到全神贯注的状态，这个小节可以说将影片推上一个小小的高潮，记得第一次看的时候起了一身的鸡皮疙瘩。如果以为事情就这样完了那就大错特错了，后面还有一个小小的高潮，就是侍者为了逃跑而劫持了刚给孩子换完尿布完全不知情的 Miyuki，推动剧情往下发展的一个新的引子出现了。这个小节是从镜头 19 到镜头 30。景别运用了两极镜头，从近景到全景再到近景、中景到全景再到特写再到全景，进一步加强影片的节奏感和视觉冲击力。

　　2）长度

　　下面来分析一下这个片段每个镜头长度对于节奏的作用。请看下图：

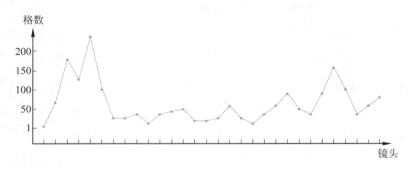

《东京教父》——"婚礼"一段镜头格数曲线图

　　如图所示，纵轴为格数，分为五个等级，横轴还是镜头数。根据曲线我们可以很明显地看出节奏的变化。镜头的长短与影片节奏的把握有着十分直观的关系。根据曲线可以看出这段首尾用的格数较多，是因为剧情需要而且有人物的对白，因此当有人物对白的情况下，所用的格数相对会多。中间一部分是这段的精华，没有人物的对白，故事完全是靠人物的动作、表情讲下来的。这段从镜头 7 开始到镜头 20，镜头 6 中出现了该段的核心人物——侍者,他从画右入画,手上的托盘在他走到镜头中间的时候有个下滑的趋势,是一个让人一下就注意到了的引子。接下来在这一节中我们看出有两个小小的峰值,一个是镜头 13,一个是镜头 17,两个镜头之所以用的格数比其他镜头多,是因为镜头 12 中交代的侍者举起了手中的枪,观众一定急于想知道发生了什么。在这个时候插入托盘的特写,一个目的是吊大家的胃口,一个目的则是把握住该段节奏,不能太快,太快观众还没反应过来,也不能太慢,慢了观众会失去耐性。托盘滚落是一个很好的控制节奏的工具,又很有意思。镜头 17 则是第一次明确地交代了各个人物之间的位置关系,并且之前的镜头都是在交代每个人的,基本在 1 秒上下,前面紧而后面松,做到张弛有度,就好像前面看到了各种各样不同的珠子,最后再用一根线串起来,形成一个整体。

3)速度及声音的处理

请看示意图:

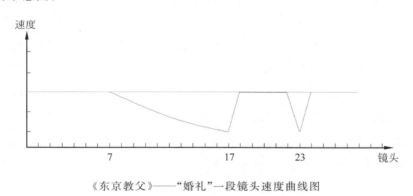

《东京教父》——"婚礼"一段镜头速度曲线图

由图可以看出,镜头 7、17、23 是三处用高速摄影方法拍的。因此画面速度比较慢,其他镜头都是正常速度,这三个镜头就起着关键性的作用,一是交代事件将会有所转折,二是制造节奏,创造紧张气氛。镜头的速度快慢不一同样造成了影片的节奏感。

说到节奏最不能不说的就是声音的作用。声音对于掌握影片节奏起着至关重要的作用,即使画面表现的不是很有节奏,但是一段好的音乐、几声好的音效却能将整部片子给提起来。这个段落所用的背景音乐是一段节奏感超强的电子乐,从镜头 2 开始逐渐响起,当 Gin 对 Hana 诉说往事的时候音调还是低沉的电子提琴加沉闷的鼓声,随着他情绪逐渐地愤怒音调也开始出现了电子手风琴一样的旋律,好像要加快人的心跳一样的鼓点,越来越快的节奏到了让人喘不过气的程度,一直到镜头 8 突然停止,随着托盘及杯子的掉落发出了清脆的落地声,之后到镜头 18 一直都是托盘滚动的声音以及这种声音给人耳带来的翁鸣声,当托盘终于静止的那一刹那,枪声响了起来,这种前紧张后空灵的效果显示出作者在声音的处理上也是花了相当的心思的,同样造就了相当好的节奏效果。

动画片与电影有着相似的地方,也存在着很大的不同,现在国内一直没有精良的动画片出炉,我觉得主要原因还是在于主创人员不懂用优良的视听语言讲故事,不会将电影语言同动画的特性结合起来,而像做动画片视听语言研究的人就更是少之又少了,所以这次作业拉了这部动画片,对我自己也是另外一种层面的自我尝试,在拉片的同时发掘到了很多光看故事情节所得不到的宝贵资料,感到既兴奋又踏实,是真正的从中学到了些什么。今后我会继续以这种方式拉些优秀的动画片,从中总结出一些动画片独特的资料,相信会对自己在动画专业上的学习有更大的帮助。(此分析由卢虹提供。)

5.2 数字动画短片《老太与死神》镜头分析

内容简介:一位独自住在农场里的老太太去世了,她并不难过,相反她为了能见到自己早已去世的丈夫,很高兴跟着死神去另一个世界。然而一位自大的医生把她从黄泉路上拽了回来,他不惜一切代价和死神展开了对这个老太太的争夺……

1. 镜头场景分析

镜号	景别	长度/帧	拍摄方法	音响/音乐	内　　容	
1	全景	244	固定	风声,唱片音乐声		描述老太居住的环境……
2	中景	156	固定	风声,风车转动的声音		进一步描述老太居住的环境……烘托气氛

镜号	景别	长度/帧	拍摄方法	音响/音乐	内 容	
3	近景	124	由远向前推进	留声机播放的音乐声		镜头由远向前推进,锁定老太在张望风景
4	近景	414	由下至上摇动	留声机音乐,老太的哼唱声		从房间里看老太
5	全景	156	固定	留声机音乐		交代房间布局
6	近景	604	由后向前推进	留声机音乐		照片上,老太死去的老伴
7	近景	554	固定	留声机音乐停,屋里传来外面的风声		准备睡觉的老太

155

续表

镜号	景别	长度/帧	拍摄方法	音响/音乐	内　　容	
8	中景	272	固定	风声		屋外的风车,烘托环境气氛
9	远景	152	固定	留声机发出的吱吱声		寂静的房间……
10	近景	180	从上往下摇	空灵声		手中的照片滑落到床上……
11	近景	498	从右往左摇	空灵声		老太的灵魂出窍……
12	特写	156	固定	空灵声		老太的灵魂为身体盖被子

镜号	景别	长度/帧	拍摄方法	音响/音乐	内　　容
13	近景	262	从右向左摇	空灵声	视线随老太转动……
14	远景	216	固定	空灵声	死神出现
15	远景	446	固定	悲伤的小提琴响起	死神要带走老太
16	中景	164	固定	空灵＋悲伤的音乐	老太给死神看老伴的照片，希望可以和老伴在一起
17	近景	164	固定	空灵＋悲伤的音乐	死神答应老太的请求

续表

镜号	景别	长度/帧	拍摄方法	音响/音乐	内　容	
18	特写	298	固定	悲伤幽怆的小提琴		老太把手伸向死神，表示愿意和他一起走
19	远景	116	固定	悲伤幽怆的小提琴		死神把老太带走……
20	中景	250	固定	悲伤幽怆的小提琴＋嗖的一声		一只手伸向老太……
21	特写	92	固定	老太"啊"的一声		老太躺在急救室里……
22	近景	146	固定	笑声		看到老太活过来，医生和护士笑了……

镜号	景别	长度/帧	拍摄方法	音响/音乐	内　容	
23	特写	100	固定	老太哼唧声		被救活的老太醒过来了
24	近景	130	左右摇	空灵声		老太看到急救室的环境（主视角）
25	特写	56	固定	老太声		
26	特写	116	由下向上摇	速度"唰"的一声		老太看到墙上的画，（主视角由下往上看）
27	近景	146	摇	说话声，神圣的曲子		医生和护士因救活老太感到自豪

续表

镜号	景别	长度/帧	拍摄方法	音响/音乐	内　容	
28	远景	334	固定	诡异		死神发现老太灵魂不见了
29	中景	172	固定	诡异		思考的死神
30	特写	68	固定	急促音乐		医生抢救老太
31	远景	144	固定	音乐＋说话声		医生和护士正在抢救老太
32	特写	64	固定	音乐＋死神生气声		死神看到后,很生气

镜号	景别	长度/帧	拍摄方法	音响/音乐	内　　容	
33	全景	158	固定	诡异声		死神把老太灵魂抢回来
34	特写	189	固定	滴滴声		老太脉搏下降
35	近景	59	拉	急促欢快音乐		医生发现老太脉搏下降
36-37	特写	102	固定	急促欢快音乐＋说话声		戴手套
38	中景	110	向后拉	急促欢快音乐＋说话声		医生抢救老太

续表

镜号	景别	长度/帧	拍摄方法	音响/音乐	内　容
39	近景	146	水平移动	急促欢快音乐	死神带着老太灵魂逃跑…
40	远景	48	后拉	急促欢快音乐＋惊讶声	老太灵魂被医生救回，死神很惊讶，又感到生气
41	特写	62	固定	老太"啊"的一声	老太被救回
42	特写	122	固定	急促欢快音乐	死神抢回灵魂
43	特写	58	推	急促欢快音乐	脉搏为0

镜号	景别	长度/帧	拍摄方法	音响/音乐	内 容	
44	特写	116	固定	急促欢快音乐＋说话声		医生抢救
45	特写	42	固定	急促欢快音乐＋老太"啊"的一声		老太被救活
46	近景	62	水平移动跟拍	急促欢快音乐		死神抢老太
47	特写	46	固定	急促欢快音乐＋滴滴声		脉搏为0
48	远景	78	固定	急促欢快音乐		护士推车进来抢救

续表

镜号	景别	长度/帧	拍摄方法	音响/音乐	内　容
49	特写	26	固定	急促欢快音乐＋老太"啊"的一声	老太被救活
50-68	特写	456	固定	急促欢快音乐	医生与死神争夺老太的生命（镜头重复穿插特写）
69-76	特写	386	固定	急促欢快音乐	医生与死神表情特写（镜头切换）
77	特写	12	固定	急促欢快音乐	对峙

镜号	景别	长度/帧	拍摄方法	音响/音乐	内　容	
78	中景	56	拉动	急促欢快音乐		对峙
79	中景	48	水平移动	急促欢快音乐		逃跑
80	近景	106	固定	急促欢快音乐		死神生气
81	近景	102	移动	急促欢快音乐		被抢的老太
82	中景	48	固定	急促欢快音乐		医生与护士

续表

镜号	景别	长度/帧	拍摄方法	音响/音乐	内 容	
83	近景	178	摇动	急促欢快音乐		死神抢走老太
84	近景	24	移动	急促欢快音乐		老太被调包,死神惊讶
85	近景	93	移动跟拍	急促欢快音乐		抢走的老太
86	远景	192	从左向右摇动	急促欢快音乐		医生、护士带着老太冲进电梯
87	近景	26	固定	急促欢快音乐		拥挤的电梯
88	近景	102	固定	急促欢快音乐		死神一人在电梯中

镜号	景别	长度/帧	拍摄方法	音响/音乐	内　容	
89	中景	48	固定（仰拍）	急促欢快音乐		医生和护士跑出电梯
90	中景	88	从左向右摇动	急促欢快音乐		死神冲出电梯追赶
91	远景	26	固定	急促欢快音乐		死神寻找老太
92	近景	192	固定	急促欢快音乐		医生和老太从盒子里出来
93	近景	144	移动	急促欢快音乐		死神与医生争夺老太

第5章　数字媒体影像视听语言分析范例

续表

镜号	景别	长度/帧	拍摄方法	音响/音乐	内 容	
94	中景	48	摇动	急促欢快音乐		护士接过掉下来的老太
95	中景	56	从左向右摇动	急促欢快音乐		另一个护士接住老太
96	全景	88	向后拉动	急促欢快音乐		又一个护士
97	近景	112	向上摇动	急促欢快音乐		死神抢走老太
98	近景	64	向上移动	急促欢快音乐		护士没有接住老太

镜号	景别	长度/帧	拍摄方法	音响/音乐	内 容	
99	中景	256	向下移动跟拍	急促欢快音乐		下坠的老太
100	中景	48	固定	急促欢快音乐		死神从一个盒子里出来
101	中景	88	固定	急促欢快音乐		医生和护士
102	近景	176	向前推动	急促欢快音乐	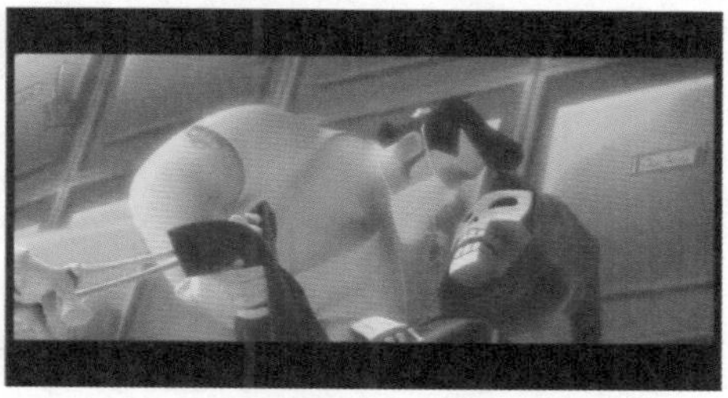	医生接到了死神
103	中景	56	固定	急促欢快音乐		一个轮椅

169

第5章　数字媒体影像视听语言分析范例 ◀◀◀

续表

镜号	景别	长度/帧	拍摄方法	音响/音乐	内　　容	
104	特写	48	推动	紧急担心的音乐		医生和死神担心的神情
105	远景	36	固定仰拍	紧急担心的音乐		轮椅的前方,描写环境
106	特写	56	固定	尖叫		医生和死神惊诧、担心
107	近景	384	固定	诡异		老太坐在轮椅上向前滑动
108	全景	96	摇动	急促欢快音乐		人们在追赶向下滑动的轮椅

镜号	景别	长度/帧	拍摄方法	音响/音乐	内　容	
109	特写	24	移动	急促欢快音乐		老太恐慌起来
110	远景	348	移动	急促欢快音乐		从老太的视角看路况
111	全景	88	固定	急促欢快音乐＋惊呼声		滑行
112	中景	112	固定	急促欢快音乐＋惊呼声		滑行
113	全景	192	移动跟拍	急促欢快音乐＋惊呼声		追赶
114	中景	96	固定	急促欢快音乐＋惊呼声		追赶

续表

镜号	景别	长度/帧	拍摄方法	音响/音乐	内 容	
115	远景	84	固定	急促欢快音乐＋惊呼声		追赶
116	全景	112	摇镜头	急促欢快音乐＋惊呼声		追赶
117	特写	48	移动	急促欢快音乐＋惊呼声		追赶中的一个大特写
118	中景	48	固定俯拍	急促欢快音乐＋惊呼声		从追赶人角度俯拍
119	近景	88	固定仰拍	急促欢快音乐＋惊呼声		大家追上了老太,撞到了一起
120	全景	240	移动	空灵的声音		大家被撞落在地

镜号	景别	长度/帧	拍摄方法	音响/音乐	内　容	
121	近景	112	固定	空灵的声音		死神无奈的表情
122	全景	156	固定	空灵的声音		死神不想再浪费时间，决定放弃
123	近景	88	固定	说话声＋空灵的声音		老太好像愿意和他去
124	近景	64	摇动	抢救的声音		医生抢救老太
125	近景	256	由前向后拉	说话声		抢救成功,老太活了下来

173

续表

镜号	景别	长度/帧	拍摄方法	音响/音乐	内　容	
126	近景	88	固定	惊呼＋说话		老太狠狠地给了医生一拳
127	近景	48	固定	害怕		医生和护士不知所措
128	中景	24	固定	疑问说话声		医生和护士感到奇怪，而老太很生气
129	近景	336	固定	说话声＋触电声		老太触电而死

2. 《老太与死神》片段分镜头机位图分析

注：
A：老太
B：死神
C：医生
D1：护士1
D2：护士2

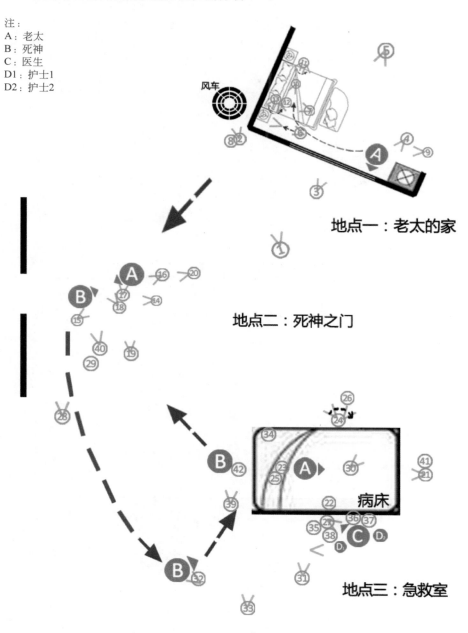

图 5-5 《老太与死神》片段分镜头机位图

3. 《老太与死神》的分镜头的景别曲线说明图(景别包括特写、近景、中景、远景、全景)

(1) 1～49 镜头,如图 5-6 所示。

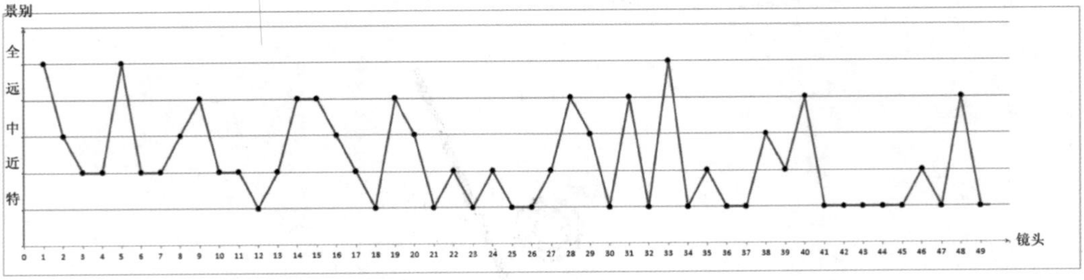

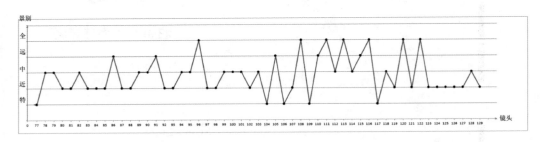

图 5-6 《老太与死神》景别运用曲线说明图（一）

（2）77～129 个镜头，如图 5-7 所示。注：49～77 镜头景别均为特写。

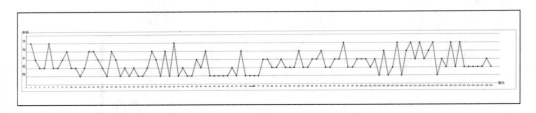

图 5-7 《老太与死神》景别运用曲线说明图（二）

（3）《老太与死神》景别运用曲线说明图（总图共 129 个镜头）如图 5-8 所示。

图 5-8 《老太与死神》景别运用曲线说明图（三）

《霸王别姬》(Farewell My Concubine),中国,1993 年,导演:陈凯歌

《红高粱》(Red Sorghum),中国,1987 年,导演:张艺谋

《肖申克的救赎》(The Shawshank Redemption),美国,1994 年,导演:弗兰克·达拉邦特

《全金属外壳》(Full Metal Jacket),美国,1987 年,导演:斯坦利·库布里克

《无耻混蛋》(Inglorious Basterds),美国,2009 年,导演:昆汀·塔伦蒂诺

《云水谣》(The Knot),中国,2006 年,导演:尹力

《毕业生》(The Graduate),美国,1967 年,导演:迈克·尼科尔斯

《海扁王》(Kick Ass),美国,2010 年,导演:马修·沃恩

《爱》(love),中国,2012 年,导演:钮承泽

《秋刀鱼之味》(An Autumn Afternoon),日本,1962 年,导演:小津安二郎

《罗生门》(Rasho-Mon),日本,1950 年,导演:黑泽明

《美国往事》(Once Upon a Time in America),美国,1984 年,导演:瑟吉欧·莱昂

《美国美人》(American Beauty),美国,1999 年,导演:萨姆·门德斯

《黑暗中的舞者》(Dancer in the Dark),丹麦、西班牙、阿根廷、德国,2000 年,导演:拉斯·冯·提尔

《被解救的姜戈》(Django Unchained),美国,2012 年,导演:昆汀·塔伦蒂诺

《色戒》(Lust·Caution),中国,2007 年,导演:李安

《布鲁克林警察》(Brooklyn's Finest),美国,2010 年,导演:安东尼·福奎阿

《疯狂原始人》(The Croods),美国,2013 年,导演:科克·德·米科,克里斯·桑德斯

《战舰波将金号》(Bronenosets Potyomkin),俄罗斯,1925 年,导演:谢尔盖·爱森斯坦

《买凶拍人》(The Knot)，中国台湾，2006 年，导演：彭浩翔

《Amour》(The Knot)，奥地利、法国、德国，2012 年，导演：迈克尔·哈内克

《发条橙》(A Clockwork Orange)，美国，1972 年，导演：库布利克

《西西里的美丽传说》(Malèna)，美国，2000 年，导演：朱塞佩·托纳多雷

《唐山大地震》(Aftershock)，中国，2010 年，导演：冯小刚

《闪灵》(The Shining)，美国，1980 年，导演：库布利克

参 考 文 献

[1]　夏衍.电影艺术辞典修正版[M].北京:中国电影出版社,2005.

[2]　(法)马赛尔·马尔丹.电影语言[M].何振淦译.北京:中国电影出版社,2006.

[3]　张会军.影响造型的视觉构成——电影摄影艺术理论[M].北京:中国电影出版社,2002.

[4]　(美)史蒂文·卡茨.场面调度:影像的运动(插图第2版)[M].陈阳译.北京:世界图书出版社北京公司,2011.

[5]　冯凯.影视广告视听语言[M].上海:上海交通大学出版社,2009.

[6]　胡昭民,吴灿铭.游戏设计概论[M].北京:清华大学出版社,2011.

[7]　林迅.新媒体艺术[M].上海:上海交通大学出版社,2011.

[8]　大卫·索纳斯蔡恩.声音设计:电影中语言、音乐和印象的表现力(插图第2版)[M].王旭锋译.杭州:浙江大学出版社,2009.

[9]　袁金戈,劳光辉.影视视听语言[M].北京:北京大学出版社,2010.

[10]　王丽君.物之银幕狂欢——当代电影美术先锋设计及其美学思维[M].北京:中国电影出版社,2009.

[11]　刘畅.动画动作创作——动画制作中动画的视听语言[D].武汉:武汉理工大学,2006.

[12]　李静.浅谈电影音乐的表达技巧[J].哈尔滨:北方音乐,2013.

[13]　杜衣杭.影视剪辑在数字时代的新变化[D].北京:北京交通大学,2013.

[14]　米高峰.当代语境下的影视动画视听语言研究[D].西安:陕西科技大学,2007.

[15]　吴瑜.人机交互设计界面问题研究[D].武汉:武汉理工大学,2013.

图 书 资 源 支 持

感谢您一直以来对清华版图书的支持和爱护。为了配合本书的使用,本书提供配套的资源,有需求的读者请扫描下方的"书圈"微信公众号二维码,在图书专区下载,也可以拨打电话或发送电子邮件咨询。

如果您在使用本书的过程中遇到了什么问题,或者有相关图书出版计划,也请您发邮件告诉我们,以便我们更好地为您服务。

我们的联系方式:

地　　址:北京海淀区双清路学研大厦 A 座 707

邮　　编:100084

电　　话:010－62770175－4604

资源下载:http://www.tup.com.cn

电子邮件:weijj@tup.tsinghua.edu.cn

QQ:883604(请写明您的单位和姓名)

资源下载、样书申请

书 圈

用微信扫一扫右边的二维码,即可关注清华大学出版社公众号"书圈"。